Wissenschaftliche Reihe Fahrzeugtechnik Universität Stuttgart

Reihe herausgegeben von

Michael Bargende, Stuttgart, Deutschland

Hans-Christian Reuss, Stuttgart, Deutschland

Jochen Wiedemann, Stuttgart, Deutschland

Das Institut für Fahrzeugtechnik Stuttgart (IFS) an der Universität Stuttgart erforscht, entwickelt, appliziert und erprobt, in enger Zusammenarbeit mit der Industrie, Elemente bzw. Technologien aus dem Bereich moderner Fahrzeugkonzepte. Das Institut gliedert sich in die drei Bereiche Kraftfahrwesen, Fahrzeugantriebe und Kraftfahrzeug-Mechatronik. Aufgabe dieser Bereiche ist die Ausarbeitung des Themengebietes im Prüfstandsbetrieb, in Theorie und Simulation. Schwerpunkte des Kraftfahrwesens sind hierbei die Aerodynamik, Akustik (NVH), Fahrdynamik und Fahrermodellierung, Leichtbau, Sicherheit, Kraftübertragung sowie Energie und Thermomanagement – auch in Verbindung mit hybriden und batterieelektrischen Fahrzeugkonzepten. Der Bereich Fahrzeugantriebe widmet sich den Themen Brennverfahrensentwicklung einschließlich Regelungs- und Steuerungskonzeptionen bei zugleich minimierten Emissionen, komplexe Abgasnachbehandlung, Aufladesysteme und -strategien, Hybridsysteme und Betriebsstrategien sowie mechanisch-akustischen Fragestellungen. Themen der Kraftfahrzeug-Mechatronik sind die Antriebsstrangregelung/ Hybride, Elektromobilität, Bordnetz und Energiemanagement, Funktions- und Softwareentwicklung sowie Test und Diagnose. Die Erfüllung dieser Aufgaben wird prüfstandsseitig neben vielem anderen unterstützt durch 19 Motorenprüfstände, zwei Rollenprüfstände, einen 1:1-Fahrsimulator, einen Antriebsstrangprüfstand, einen Thermowindkanal sowie einen 1:1-Aeroakustikwindkanal. Die wissenschaftliche Reihe „Fahrzeugtechnik Universität Stuttgart" präsentiert über die am Institut entstandenen Promotionen die hervorragenden Arbeitsergebnisse der Forschungstätigkeiten am IFS.

Reihe herausgegeben von
Prof. Dr.-Ing. Michael Bargende
Lehrstuhl Fahrzeugantriebe
Institut für Fahrzeugtechnik Stuttgart
Universität Stuttgart
Stuttgart, Deutschland

Prof. Dr.-Ing. Jochen Wiedemann
Lehrstuhl Kraftfahrwesen
Institut für Fahrzeugtechnik Stuttgart
Universität Stuttgart
Stuttgart, Deutschland

Prof. Dr.-Ing. Hans-Christian Reuss
Lehrstuhl Kraftfahrzeugmechatronik
Institut für Fahrzeugtechnik Stuttgart
Universität Stuttgart
Stuttgart, Deutschland

Christoph Johannes Heimsath

Insassenkomfort bei hochautomatisierten Fahrspurwechseln

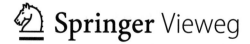

Christoph Johannes Heimsath
IFS, Fakultät 7, Lehrstuhl für
Kraftfahrwesen
Universität Stuttgart
Stuttgart, Deutschland

Zugl.: Dissertation Universität Stuttgart, 2023
D93

ISSN 2567-0042   ISSN 2567-0352 (electronic)
Wissenschaftliche Reihe Fahrzeugtechnik Universität Stuttgart
ISBN 978-3-658-44209-5   ISBN 978-3-658-44210-1   (eBook)
https://doi.org/10.1007/978-3-658-44210-1

Planung/Lektorat: Carina Reibold
Springer Vieweg ist ein Imprint der eingetragenen Gesellschaft Springer Fachmedien Wiesbaden GmbH und ist ein Teil von Springer Nature.
Die Anschrift der Gesellschaft ist: Abraham-Lincoln-Str. 46, 65189 Wiesbaden, Germany

Das Papier dieses Produkts ist recyclebar.

Vorwort / Danksagung

Diese Arbeit entstand während meiner Tätigkeit als wissenschaftlicher Mitarbeiter am Forschungsinstitut für Kraftfahrzeuge und Fahrzeugmotoren Stuttgart (FKFS). Mein besonderer Dank gilt Herrn Prof. Dr.-Ing. Andreas Wagner für die Betreuung meiner Promotion, das mir dabei entgegengebrachte Vertrauen und die weitreichenden Freiheiten, die ich während meiner Forschungsarbeit hatte. Den Herren Prof. Dr.-Ing. Wolfram Remlinger und Prof. Dr.-Ing. Robert Schulz danke ich herzlich für die Übernahme von Mitbericht und Prüfungsvorsitz.

Herrn Dr.-Ing. Jens Neubeck danke ich für sehr großzügig zur Verfügung gestellte Kapazitäten und die notwendige Rückendeckung, auf die ich mich stets verlassen konnte. Für die erstklassige fachliche Leitung, die zahlreichen konstruktiven Diskussionen und eine Zusammenarbeit, die wirklich Spaß gemacht hat, danke ich Herrn Dr.-Ing. Werner Krantz.

Für die weitreichende Hilfe und Unterstützung bei der Integration und Durchführung meiner Studien am Fahrsimulator möchte ich mich bei den Herren Christian Holzapfel, Martin Kehrer und Anton Janeba bedanken.

Meinen Eltern Maria und Dieter gilt mein tiefster Dank für all das, was Sie mir mit auf den Weg gegeben haben, der mich bis hierher führte. Vielen Dank für Euren steten Glauben an mich und Eure vielfältige Unterstützung. Meinem Bruder Alexander gilt mein herzlichster Dank für Deinen steten Beistand und das Lektorat dieser Arbeit. Bei meiner Freundin Yara möchte ich mich ganz besonders für Deinen Rückhalt in einer turbulenten Abschlussphase und die wertvollen Tipps für meine Ergebnispräsentation bedanken.

Vielen Dank auch allen weiteren Instituts-Kollegen und Studenten, die mich auf meinen Weg begleitet haben. Durch Euch habe ich mich im Institut stets wohlgefühlt.

Stuttgart, C. Heimsath

Inhaltsverzeichnis

Abbildungsverzeichnis

Tabellenverzeichnis

Abkürzungsverzeichnis

ACC	Abstandsregeltempomat (engl. adaptive cruise control)
ADASIS	Advanced Driver Assistance Systems Interface Specifications
ALKS	Spurhaltesystem (engl. automated lane keeping system)
ANOVA	Varianzanalyse (engl. analysis of variance)
ARL	Allradlenkung
DIN	Deutsches Institut für Normung
EGO(-Fahrzeug)	eigene/s (Fahrzeug), Fahrzeug/Fahrzeugmodell des Fahrzeugs, in dem sich der Proband befindet
EN	Europäische Norm
FB	Folge-Regelung (engl. feed-back)
FD	Fahrdynamik
FF	Vorsteuerung (engl. feed-forward)
FK	Fahrkomfort
FKFS	Forschungsinstitut für Kraftfahrwesen und Fahrzeugmotoren Stuttgart
IMC	Internal Model Controller
ISO	International Organization for Standardization
LAH	Vorausschau (engl. look-ahead)
LC	Spurwechsel (engl. lane change)
LKAS	Spurhalteassistenzsystem (engl. lane keeping assistance system)
MANOVA	multivariate Varianzanalyse (engl. multivariate analysis of variance)
MC	Motion Cueing (Fahrsimulator)
PID	Proportional, Integral und Differential (Regler)
PKW	Personenkraftwagen
SAE	Society of automotive engineering
SW	Spurwechsel
TC	Tilt Coordination (Fahrsimulator)
UN/ECE	Wirtschaftskommission für Europa der Vereinten Nationen
VAL	Vorderachslenkung

Formelzeichenverzeichnis

Formelzeichen	Bezeichnung	Einheit
$a_{4..7}$	Parameter Polynomgleichung	-
$a_{max,des}$	Maximale Sollbeschleunigung Spurwechseltrajektorie	-
a_x	Längsbeschleunigung	m/s²
$a_{x,ref}$	Sollbeschleunigung	m/s²
a_y	Querbeschleunigung	m/s²
$\hat{a}_y$	Querbeschleunigungsmaximum	m/s²
$a_{y,k}$	Querbeschleunigung bereinigt um Kurvenbeschleunigung	m/s²
$a_{y,max}$	max. Querbeschleunigung	m/s²
$b_{0..2}$	Parameter Polynomgleichung	-
C	Fahrbahnkrümmung	1/m
$c_{0..5}$	Parameter Polynomgleichung	-
c_F	Achssteifigkeit Vorderachse	N rad^{-1}
C_{max}	max. Fahrbahnkrümmung	1/m
c_R	Achssteifigkeit Hinterachse	N rad^{-1}
df_b	Freiheitsgrad zwischen Gruppen	-
df_t	Absoluter Freiheitsgrad	-
df_w	Freiheitsgrad innerhalb einer Gruppe	-
F_{krit}	Kritischer F-Wert für Signifikanz	-

Formelzeichen	Bezeichnung	Einheit
f_{ARL}	Faktor Allradlenkungsstrategie	-
f_{asym}	Asymmetriefaktor Spurwechseltrajektorie	-
F	F-Wert Varianzanalyse	-
$f_{y,min,TC}$	min. Wiedergabefaktor Tilt Coordination	-
H_0	Nullhypothese	-
H_1	Alternativhypothese	-
I_{zz}	Trägheitsmoment um z-Achse	Kg m²
$\hat{j}_y$	Querruckmaximum	m/s³
j_y	Querruck	m/s³
$j_{max,des}$	Maximaler Sollruck Spurwechseltrajektorie	-
$j_{y,max}$	max. Ruck	m/s³
K	Faktorstufengruppe	-
K	Gesamtzahl der Faktorstufen	-
K	Krümmung Fahrbahn / Fahrspur	1/m
l_F	Abstand Schwerpunkt zu Vorderachse	m
l_R	Abstand Schwerpunkt zu Hinterachse	m
m	Fahrzeugmasse	kg
M_L	Lenkmoment	Nm
MS_b	Mittleres Abweichungsquadrat zwischen Gruppen	-
MS_t	Summe mittlerer Abweichungsquadrate	-
MS_w	Mittleres Abweichungsquadrat innerhalb der Gruppen	-

Formelzeichen	Bezeichnung	Einheit
N	Anzahl von Wertepaaren (stat. Analyse)	-
N	Gesamtstichprobenzahl	-
N_k	Stichprobenzahl in Gruppe k	-
p	Wahrscheinlichkeit	-
p	Signifikanzniveau (Korrelationsanalyse)	-
$p_{G,B}$	Fahr- bzw. Bremspedalstellung	-
R	Radius	m
r	Pearson Korrelationskoeffizient	-
s	Fahrbahntangentialachse	-
SS_b	Abweichungsquadrate zwischen den Faktorstufengruppen	-
SS_t	Summe aller Abweichungsquadrate	-
SS_w	Abweichungsquadrate innerhalb der Faktorstufengruppen	-
t	Fahrbahnradialachse	-
$T_{\dot{\psi}}$	Response Time (Antwort auf Lenkeingabe)	s
$T_{\dot{\psi}\,max}$	Peak Response Time	s
$U_{\dot{\psi}}$	dynamische Überschwingweite	-
v	Geschwindigkeit	m/s
x	Fahrzeuglängsachse	-
$\hat{x}_{1..3}$	1. bis 3. lokales Extremum der Variable x	-
y	Fahrzeugquerachse	-

Formelzeichen	Bezeichnung	Einheit
$y_{1/2}$	Subjektivbewertung für Spurwechselanfang bzw. -ende	-
$y_{A/B}$	Subjektivbewertung zugeordnet zu Trajektorienteil A/B	-
$\bar{y}_k$	Mittelwert in der Gruppe k	-
y_{kn}	einzelner Messwert (abhängige Variable) in der Faktorstufengruppe k	-
$\bar{y}$	Gesamtmittelwert	-
z	Fahrzeughochachse	-
α	statistisches Signifikanzniveau	-
β	Schwimmwinkel	rad
β	Wahrscheinlichkeit für stat. Fehler 2. Art	-
β_{ref}	Sollschwimmwinkel	rad
δ_{F}	Radlenkwinkel Vorderachse	rad
$\delta_{\text{F,ARL}}$	Radlenkwinkel Vorderachse im Allradlenkungsmodus	rad
$\delta_{\text{F,VAL}}$	Radlenkwinkel Vorderachse im Vorderachslenkungsmodus	rad
δ_L	Lenkradwinkel	rad
δ_R	Radlenkwinkel Hinterachse	rad
$\delta_{R,\text{ARL}}$	Radlenkwinkel Hinterachse im Allradlenkungsmodus	rad
σ	Standartabweichung	-
μ	Gruppenmittelwert	-
ν	Kurswinkel	rad

Formelzeichen	Bezeichnung	Einheit
ν_{LCTraj}	Kurswinkel Spurwechseltrajektorie	rad
ν_{road}	Kurswinkel der Fahrbahn	rad
$\dot{\varphi}_{y,\text{max,TC}}$	max. Drehgeschw. Tilt Coordination	rad/s
$\varphi_{y,\text{max,TC}}$	max. Drehwinkel Tilt Coordination	rad
ψ	Gierwinkel	rad
$\dot{\psi}_{max}$	maximale Gierrate	rad/s
ψ_{ref}	Sollgierwinkel	rad
$\dot{\psi}_{stat}$	stationäre Gierrate	rad/s

Zusammenfassung

Hochautomatisierte Fahrfunktionen halten schrittweise Einzug in Serien-PKW. Je nach Automatisierungsstufe kann die Fahraufgabe dem Fahrzeug übergeben werden und der Fahrer sich anderen Tätigkeiten widmen. Dadurch entfällt die Rückmeldung zum Fahrzustand über das Lenkmoment oder die Pedalkräfte. Der vorausliegende Fahrbahnverlauf wird ggf. visuell nur noch peripher wahrgenommen. An die Stelle des Fahrstils eines menschlichen Fahrers tritt das durch den Fahrzeughersteller ausgelegte Verhalten des Automatisierungssystems. So verändert sich die Art und Weise, wie Fahreigenschaften subjektiv von den Insassen wahrgenommen werden. Das subjektiv empfundene Fahrerlebnis ist heute ein wesentlicher Faktor für die Kaufbereitschaft und wird daher bewusst und markenspezifisch ausgelegt.

Während die Zusammenhänge zur Entstehung von wahrnehmbaren Fahreigenschaften für manuell geführte Fahrzeuge gut bekannt sind, existiert für automatisiert geführte Fahrzeuge noch kein etablierter Stand. Diese Arbeit erweitert den Stand zur Objektivierung des „Komfort- und Sicherheitsempfinden" bei hochautomatisierter Fahrt. Seit 2023 sind hochautomatisierte Fahrspurwechsel in Level 3 Assistenzfunktionen zulassungsfähig. Bei diesem Manöver treten die größten, im automatisierten Betrieb zulässigen Querbeschleunigungen auf. Es wird daher als besonders relevant für den Insassenkomfort identifiziert und in dieser Arbeit untersucht.

Zur Objektivierung werden Probandenstudien am Stuttgarter Fahrsimulator durchgeführt, bei denen zu objektiv unterschiedlich durchgeführten Fahrspurwechseln jeweils subjektive Komfortbewertungen erhoben werden. Anlagenspezifische Einschränkungen des Stuttgarter Fahrsimulators wurden im Studiendesign berücksichtigt und bestmöglich kompensiert. In der Auswertung der Studiendaten wird bestimmt, welche Faktoren signifikante Effekte in welcher Weise auf das Komfortempfinden beim Spurwechsel haben. Dabei werden sieben Faktoren variiert, die den Fahrspurwechsel vor allem in Bezug auf seine Fahrdynamik definieren. Gleichzeitig wird eine neue Einsatzstrategie zur Minimierung der Querbeschleunigungsextrema durch asymmetrische Spurwechseltrajektorien in Kurven auf Ihren Komfortvorteil hin untersucht. Als weiterer Aspekt wird eine Allradlenkungsstrategie untersucht, die Schwimm- und Gierwinkel auch in Kurvensituationen unabhängig voneinander zum Spurwechsel nutzt. Die subjektive Bewertung jedes einzelnen Spurwechsels erfolgt getrennt für den Manöveranfang und das -ende auf einer siebenstufigen Skala.

In zwei Probandenstudien wird eine signifikante Verbesserung des Komforts durch den gezielten Einsatz von asymmetrischen Trajektorien nachgewiesen. Es kann gezeigt werden, dass sich Kurven negativ auf die Komforthomogenität innerhalb eines Spurwechsels auswirken. Dieser Effekt kann gezielt durch die Wahl einer asymmetrischen Trajektorie kompensiert und damit der Gesamtkomfort verbessert werden. Bezüglich der neuartigen Allradlenkungsstrategie konnte kein signifikanter Einfluss auf den Komfort festgestellt werden. Das Verhältnis zwischen Gier- und Schwimmwinkel scheint bei automatisierter Fahrzeugführung weniger ausschlaggebend zu sein als aus der Objektivierung bei manueller Fahrzeugführung bekannt. Dieses Ergebnis ist in Vorstudien mit Fahrdynamikexperten anders erwartet worden. Es unterstreicht die Bedeutung der hier entwickelten, neutralen Evaluationsmethode mit Fokus auf die entsprechende Kundengruppe. Daneben zeigen die Ergebnisse, dass bei von der Fahrbahn abgewandtem Blick, der empfundene Komfort während des Spurwechsels generell schlechter bewertet wird. Dies zeigt die Relevanz der in dieser Arbeit gezeigten Potentiale zur Kompensation der negativen Effekte, die durch Nebentätigkeiten während hochautomatisierter Fahrten zu erwarten sind. Bei gleicher Querdynamik im Spurwechsel zeigen die Fahrgeschwindigkeit und die Fahrbahnqualität keinen messbaren Einfluss auf den Komfort. Auch bei großen Störungen durch eine unebene Fahrbahn können die Probanden die Charakteristik des Systems weiterhin ungemindert wahrnehmen und in der Subjektivbewertung auflösen.

Die fahrsituationsabhängige Applikation von asymmetrischen Trajektorien beim Spurwechsel zeigt einen signifikanten Komfortvorteil und ermöglicht eine Akzeptanzverbesserung für künftige Serienfahrzeuge. Die entwickelte Methode ist ein wesentlicher Baustein für die weitere Objektivierung von hochautomatisierten Fahrfunktionen. Sie ermöglicht die Bewertung auch weiterer subjektiv empfundener Fahreigenschaften von hochautomatisierten Assistenzsystemen, wie z.B. der Sportlichkeit, mit minimalem Aufwand. Durch die einfache Einstellbarkeit der Fahreigenschaften am prototypischen Automatisierungssystem und die Evaluation am Stuttgarter Fahrsimulator kann die Methode bereits in Entwicklungsphasen ohne physischen Prototyp zum Einsatz kommen.

Abstract

Motivation

Over the past decades, motor vehicles have developed into increasingly complex overall systems. New functions are constantly being added both in the area of the driving function and in areas such as infotainment or maintenance. This is a challenge for vehicle development, since new interactions between the individual subsystems have to be considered during the developing phases. Functions in the area of driver assistance systems can usually be noticed directly by the driver. For driving assistance, the goal of a fully automated vehicle is often strived for. The road to this goal is divided into different levels of automation. Recently, the approval of the first level 3 system was a significant step on the way to full automation. From this level of automation, the driver is released from the task of monitoring the vehicle and can gradually devote himself to other, non-driving activities.

Subjectively perceived driving experience is a key factor for consumer acceptance. It is therefore deliberately designed by vehicle manufacturers in a brand-specific manner. With the introduction of driver assistance or highly automated driving functions, the mechanisms for driving characteristics perception change. Particularly in the case of highly automated functions, feedback channels on the driving state, such as steering torque, are eliminated as a result of the driving task being handed over to the vehicle. If the driver's gaze is also averted from the road, the state of motion can only be detected visually in peripheral vision. This has a significant impact on comfort and can trigger kinetosis in certain driving situations.

The driving experience during manual driving has already been extensively objectified. Established driving dynamics and driving comfort criteria describe subjectively perceived characteristics using objective parameters. For automated vehicle guidance, there is no established standard for objectifying the driving experience yet.

Lane changing in structured traffic, such as that found on a motorway, is a key capability for driving automation. Currently, assistance functions for lane changing are available on the market up to automation level 2. For integration in level 3 systems, there are valid regulations for approval from 2023.

In addition to the technical challenges, comfort and the perception of safety during maneuvers are essential for user acceptance. With the new regulations, Level 3 driving at speeds of up to 130 km/h will be permissible in the future. In curves, relevant lateral accelerations occur which are further increased during lane change maneuvers. In terms of occupant comfort, this will therefore be one of the most relevant situations in the area of application of these highly automated driving functions.

Objectives and Method

The aim of the present work is to objectify the comfort perception during highly automated lane changes. This will support the targeted design of future assistance systems in terms of best possible occupant comfort and user acceptance. The better the correlations between subjective perception and objective design criteria are known, the easier it is to evaluate comfort in early development phases of highly automated driving functions. The studies conducted extend the state of research by including driving conditions and influencing factors not previously investigated with regard to occupant comfort. These include the use of asymmetric lane-change trajectories in curves, whose positive effect on comfort has so far only been demonstrated on straight roadways. For the use in curves, a thesis for their comfort-optimized application is established. The trajectories are applied in such a way that the maximum superimposed acceleration is reduced in curves. In addition, a novel all-wheel steering strategy is prototypically implemented. It is able to perform a lane change by pure vehicle lateral movement even during constant cornering. This innovation is motivated by known benefits of rear-axle steering systems for driving safety during manual vehicle control and for kinetosis avoidance during automated driving. Thus, the central innovations of this work are lane-change comfort evaluation within cornering situations, the application of trajectories tailored to these situations, and the maneuver-specific use of the prototypical all-wheel steering system.

For testing, a prototypical automation system is implemented on the Stuttgart driving simulator. Two studies are conducted with n = 46 and n = 35 subjects, respectively. Each of them goes through a fully automated motorway ride, lasting approximately 50-minutes. The prototypical automation system simulates a SAE Level 4 automation with no required or possible driver interaction. Numerous automatically initiated overtaking maneuvers, including two lane changes each, are embedded into the ride. Immediately after each lane change, the subjects are asked to rate their "personal comfort and safety feeling" during the maneuver. For this purpose, a novel method is used in which the beginning and end of the lane change are evaluated separately, each on a seven-point scale. A tablet computer provides a fast input facility so that up to 120 differently parameterized maneuvers can be evaluated per subject. The rides take place on a two-lane motorway, including straight road sections and curves with a steady-state lateral acceleration of $a_y = 1.25$ m/s^2 and 2.50 m/s^2. EGO-vehicle driving speeds are chosen to be constantly 120 kph and 180 kph during separate phases of the studies. Lane change maneuvers initiate due to slower traffic vehicles showing up in front of the EGO-vehicle in the right lane. In addition to the trajectory, steering mode, roadway curvature and driving speed, the subjects' viewing direction and the level of disturbance by roadway unevenness are varied. The subjects viewing direction is varied in two phases of the test. It is either on the road ahead, paying attention to the traffic situation, or continuously looking at the tablet computer, held in the subject's hands, to simulate performing a non-driving related task during the ride. To avoid sequential effects, the order of the different lane change characteristics and driving situations is randomized in the subject studies.

Results

For result analysis the variance analysis methods ANOVA and MANOVA are used to identify whether the variation of a single factor or multiple factors has a significant ($p < 0.05$) impact on the comfort rating. To determine effect direction and size, as post-hoc tests confidence intervals and correlation analysis are used afterwards.

Concerning the effectiveness of the evaluation method, a positive conclusion can be made. As stated below, the results are significant and resilient with regard to most research questions. The rating acquisition method turned out to be suited as it is easily understandable for most subjects and enabled fast acquisition of about 18000 single ratings within 13 day at the Stuttgart driving simulator. Within the two studies only 0.9 % and 1.3 % of the requested ratings were not entered due to subjects' inattention.

The analysis of variance shows significant main effects for the stimuli trajectory, road curvature and view direction. In contrast to that, no significant main or interaction effects could be found for the all-wheel steering strategy, EGO velocity and vertical road excitation level. Interaction effects are found for the stimuli combination of road curvature and lane change direction as well as for additionally considering the lane change trajectory. The first interaction captures the distinction between changing lanes to the inside or outside direction of a curve. The second interaction is suitable to investigate the hypothesis, that a driving situation dependent comfort improvement can be established by the use of asymmetric trajectories.

The subjective comfort rating for each lane change consists of two ratings. One for the initial and one for the final part of the lane change. To further investigate the results with the help of post-hoc tests, the two recorded responses are further processed. Three different assessment variables are calculated:

- Average between both evaluations per lane change to capture the overall impression of a lane change in one variable,
- Assignment of start and end evaluation to the two individual trajectory parts characteristics,
- Formation of an evaluation slope in order to characterize the homogeneity of the subjective impression within a lane change.

Apart from the influence of individual factors, it can be shown with a correlation of R = -0.38 (p < 0.00) that a lower magnitude in rating slope comes along with a better overall rating. Thus, an inhomogeneous perception of comfort within a lane change leads to an overall lower comfort.

The shape of the trajectory and the curvature of the roadway have a significant influence on the evaluation slope. The thesis that the comfort slope can be specifically influenced by dynamic's distribution within the trajectory is confirmed. The negative influence on the comfort slope of curves and the overall evaluation can be compensated with situation-adapted trajectories and thus an overall higher comfort can be achieved. Analysing the technical parameters of the trajectories, moderate correlations are found between the subjective comfort ratings and lateral acceleration parameters as well as slight correlations are found with jerk parameters. The strongest determined correlation with r = -0.45 (p < 0.00) exists between the trajectory's asymmetry factor and the subjective comfort slope. An adaptation of the lane change trajectory due to the present driving situation for comfort enhancement has not been known in the literature so far. The positive effect can be demonstrated here for the first time.

Contrary to expectations of driving dynamics experts, an influence of the different evaluated all-wheel steering strategies cannot be determined. The same lane change trajectories are followed both with classic front-axle steering and with different all-wheel steering strategies. Within the different all-wheel steering modes, yaw motion is gradually eliminated for lane changes. The overall movement through the maneuver is thus limited to a pure lateral movement instead of a superimposed lateral and rotational movement and was therefore expected to be more comfortable. A possible reason for the non-significant result is undercutting the perception thresholds between the factor levels. However, the differences are relatively large and were always clearly detectable in pretesting. A more probable reason is that there is no preference with regard to the question about the "personal perception of comfort and safety". An evaluation with a different question, for example with an attribution such as "sportiness", could yield a different result.

A non-driving related activity is simulated by averting the subject's gaze from the windshield to a tablet computer held in the lap. This significantly reduces the perceived overall comfort. The effect size here is smaller than the effects due to road curvature or trajectory. An expected interaction effect with the steering modes is not significant. It was expected that the steering differences, which are mainly visually perceptible, no longer occur with averted gaze. This effect can no longer be found due to the absence of the expected main effect of the different steering-modes. Nevertheless, the general loss of comfort due to non-driving related activities shows the relevance of the consideration and the necessity to use available potentials to improve comfort, e.g. by adjusting the trajectory.

The two factors EGO velocity and vertical road excitation level showed no significant influence. For velocity, an influence was not expected, since the stimulation in lateral direction is only changed minimally by velocity variation by means of different resulting side slip angles in front-axle steering mode. The overall more critical driving situation at higher velocities did not lead to significantly different comfort ratings. The variation in road surface excitation level is intended to mask the effects of other factors. This had no effect on the comfort evaluation either, although the high excitation already corresponds to a poor surface for a highway. It can therefore be summarized that the driving style of an automated lane change and its influence on comfort is clearly perceptible independently of masking factors.

Conclusion and Limitations

The possibility to improve comfort by driving situation specific lane change trajectories has been demonstrated in this work. The feeling of comfort and safety during lane changes is affected negatively by road curves and the resulting higher lateral acceleration level. Asymmetrically shaped lane change trajectories can compensate that effects, reducing the extremum in lateral acceleration. Not only the overall comfort level can be raised by this novel application strategy, but also the homogeneity of comfort perception during the lane change is improved. No influence on comfort was found with regard to different all wheel steering strategies. Future highly automated driving functions will have the purpose of allowing the driver to engage in non-driving related activities. Simulating these activities by gaze aversion lead to significantly lower comfort ratings in the studies conducted. This shows the importance of using all available measures to ensure occupants comfort and avoid motion sickness especially in highly automated driving modes. Subjectively perceived comfort and safety is one key factor for user acceptance and thus for successful introduction of future functions.

The trajectories parameterization is varied in relatively large increments in the present studies. In order to apply an optimal parameterization with regard to series application, further parameter studies are recommended. A good starting point would be the best-rated variants from this study. Different all wheel steering strategies turned out to be irrelevant for comfort during highly automated lane changes. Whether there is an influence on other subjective attributions, e.g. sportiness, cannot be derived. Further evaluation with modified subjective questioning could provide important knowledge for targeted and brand-specific design of future driving functions. During the test design, plant-specific limitations of the driving simulator are considered and compensated with appropriate measures, such as adapted motion cueing. Nevertheless, an on-road validation study with reduced is recommended.

The here developed objectification method uses the full-motion Stuttgart driving simulator and delivers statistically reliable results with reasonable effort. The studies conducted within the here presented application example also turned out unexpected result regarding driving experts' expectations. This underlines the importance of using appropriate methods in objectification studies with representative scope.

1 Einleitung und Zielsetzung

Kraftfahrzeuge entwickeln sich in den letzten Jahrzehnten zu immer komplexeren Gesamtsystemen [1]. Dabei kommen stetig neue Funktionen sowohl im Bereich der eigentlichen Fahrfunktion als auch in Bereichen wie dem Infotainment oder dem Energiemanagement hinzu. Für die Fahrzeugentwicklung bedeutet dies eine Herausforderung, da immer neue Wechselwirkungen zwischen den einzelnen Subsystemen berücksichtigt werden müssen.

Einige Innovationen, wie z.B. Diagnosefunktionen, bleiben dem Fahrzeugnutzer im Normalfall verborgen. Funktionen im Bereich der Fahrerassistenzsysteme können in der Regel vom Fahrer direkt wahrgenommen werden. Im Bereich Fahrerassistenz wird vielfach das Ziel des vollständig automatisiert fahrenden Fahrzeugs angestrebt. Der Weg dahin ist in unterschiedliche Automatisierungsstufen eingeteilt [2]. In 2022 ist mit der Zulassung des ersten Level 3 Systems ein wesentlicher Schritt auf dem Weg zur Vollautomation erfolgt [3, 4]. Ab diesem Automatisierungsgrad wird der Fahrer zeitweise von der Überwachungsaufgabe entbunden und kann sich anderen, fahrfremden Tätigkeiten widmen.

Das subjektiv von Fahrer und Insassen empfundene Fahrerlebnis ist ein wesentlicher Faktor für die Kaufbereitschaft [5]. Es wird daher von Fahrzeugherstellern bewusst und markenspezifisch gestaltet. Mit Einführung von Fahrerassistenz- oder hochautomatisierten Fahrfunktionen ändern sich die Mechanismen zur Fahrwahrnehmung mindestens für den Fahrer. Besonders bei hochautomatisierten Funktionen fallen durch die Abgabe der Fahraufgabe Rückmeldekanäle zum Fahrzustand, wie beispielsweise das Lenkmoment, weg. Wird der Blick zudem von der Fahrbahn abgewandt, kann der Bewegungszustand optisch nur noch eingeschränkt erfasst werden. Das hat wesentlichen Einfluss auf den Komfort und kann in bestimmten Fahrsituationen Kinetosen (Reisekrankheit) auslösen [6].

Das Fahrempfinden bei manueller Fahrt ist bereits weitreichend objektiviert. Anhand objektiver Kennwerte beschreiben etablierte Fahrdynamik- und Fahrkomfortkriterien subjektiv empfundene Eigenschaften. Für die automatisierte Fahrzeugführung existiert bisher kein etablierter Stand zur Objektivierung des Fahrgefühls.

Der Fahrspurwechsel ist im strukturierten Verkehr, wie er auf einer Autobahn zu finden ist, eine Schlüsselfähigkeit für die Fahrtautomatisierung. Aktuell sind Assistenzfunktionen für Fahrspurwechsel bis zum Automatisierungslevel 2 am Markt verfügbar. Für die Integration in Level 3 Systeme gibt es ab 2023 gültige Regelungen zur Zulassung [7]. Neben den technischen Herausforderungen sind für die Nutzerakzeptanz der Komfort und das Sicherheitsempfinden während der Manöver entscheidend. Mit den neuen Regelungen sind künftig Level 3 Fahrten bis 130 km/h zulassungsfähig. In Kurven entstehen dabei relevante Querbeschleunigungen, die während eines Fahrspurwechselmanövers weiter erhöht werden. Dies wird daher in Bezug auf den Insassenkomfort eine der relevantesten Situationen im Einsatzbereich dieser hochautomatisierten Fahrfunktionen sein.

Das Ziel der vorliegenden Arbeit ist die Objektivierung des Komfortempfindens bei hochautomatisierten Fahrspurwechseln. Dadurch wird die zielgerichtete Auslegung künftiger Assistenzsysteme im Sinne eines bestmöglichen Insassenkomforts und bestmöglicher Nutzerakzeptanz unterstützt. Je besser die Zusammenhänge zwischen subjektivem Empfinden und objektiven Auslegungskriterien bekannt sind, desto einfacher ist die Bewertung des Komforts in frühen Entwicklungsphasen hochautomatisierter Fahrfunktionen.

Die hier durchgeführten Studien erweitern den Stand der Technik um bisher in Bezug auf den Insassenkomfort nicht untersuchte Fahrbedingungen und Einflussfaktoren. Hierzu gehört der Einsatz asymmetrischer Spurwechseltrajektorien in Kurven, deren positiver Effekt auf den Komfort bisher nur auf geraden Fahrbahnen nachgewiesen wurde. Für den Einsatz in Kurven wird eine These zur komfortoptimierten Applikation der Trajektorien aufgestellt und überprüft. Dabei werden die Trajektorien derart eingesetzt, dass das Maximum in der überlagerten Beschleunigung reduziert wird. Daneben wird eine neuartige Allradlenkungsstrategie prototypisch umgesetzt, die auch während konstanter Kurvenfahrt einen Fahrspurwechsel durch reine Fahrzeugquerbewegung ausführen kann. Diese Innovation ist motiviert durch bekannte Vorteile von Hinterachslenkungen für die Fahrsicherheit bei manueller Fahrzeugführung und zur Kinetosevermeidung bei automatisierter Fahrt. Die zentralen Neuerungen dieser Arbeit sind also die Erprobung in Kurvensituationen, die darauf abgestimmte Anwendung der Trajektorien und der manöverspezifische Einsatz der prototypischen Allradlenkung.

Zur Erprobung von prototypischen Assistenzsystemen haben sich Fahrsimulatoren bewährt [8]. In der vorliegenden Arbeit wird der Stuttgarter Fahrsimulator verwendet [6, 9]. Die Erprobung findet in zwei repräsentativ angelegten Probandenstudien statt.

Hinweis: In dieser Arbeit wird zur besseren Lesbarkeit bei Personenbezeichnungen das generische Maskulinum verwendet. Damit sind, sofern nicht anders kenntlich gemacht, selbstverständlich alle Geschlechter gemeint. Eine geschlechterspezifische Unterscheidung von Versuchspersonen wird in dieser Arbeit nicht vorgenommen.

2 Stand der Technik

Das Ziel dieser Arbeit ist die Evaluation und Beschreibung der Komfort-
wahrnehmung bei der Nutzung hochautomatisierter Fahrfunktionen im
PKW. Dazu wird in Probandenstudien der empfundene Komfort bei der Nutzung eines prototypischen Assistenzsystems bewertet. Bei der Entstehung
von subjektiv empfundenem Fahrkomfort sind komplexe Mechanismen der
menschlichen Wahrnehmung von Bedeutung. Dieses Kapitel führt die in dieser Arbeit berücksichtigten wissenschaftlichen Grundlagen ein. Der Fokus
liegt dabei auf der Fahrzeugquerdynamik, da im Rahmen dieser Arbeit eine
Fahrspurwechselautomation untersucht wird.

Im ersten Unterkapitel werden die grundlegenden Mechanismen der menschlichen Wahrnehmung von Dynamik und Fahrverhalten in Straßenfahrzeugen
beschrieben. Kap. 2.2 beschreibt den aktuellen Stand der automatisierten
Fahrzeugführung bezüglich der technischen Aspekte. Der Zusammenhang
zwischen Technik und Wahrnehmung ist bereits an vielen Stellen wissenschaftlich behandelt worden. Kap. 2.3 gibt den Stand der Forschung zum
Fahrkomfort bei manueller und automatisierter Fahrzeugführung wieder und
bildet damit den Ausgangspunkt für die Forschungsfrage der vorliegenden
Arbeit. Die letzten Unterkapitel beschreiben die in den Probandenstudien
verwendeten Werkzeuge zur Erprobung. Es werden Koordinatensysteme eingeführt, die in den folgenden Kapiteln für mathematische Beschreibungen
genutzt werden. Der in den Studien genutzte Fahrsimulator und die statistischen Methoden zur Auswertung der erhobenen Daten werden zum besseren
Verständnis der folgenden Kapitel beschrieben.

© Der/die Autor(en), exklusiv lizenziert an
Springer Fachmedien Wiesbaden GmbH, ein Teil von Springer Nature 2024
C. J. Heimsath, *Insassenkomfort bei hochautomatisierten Fahrspurwechseln*,
Wissenschaftliche Reihe Fahrzeugtechnik Universität Stuttgart,
https://doi.org/10.1007/978-3-658-44210-1_2

2.1   Menschliche Wahrnehmung

Der Mensch nimmt die Bewegungen bei einer Autofahrt und deren Dynamik über ein komplexes System aus mehreren Sinnesorganen wahr. Die menschlichen Sinne lassen sich nach [10] wie folgt kategorisieren:

- Somatoviszerale Sensorik: Temperatur- und Druckwahrnehmung über die Haut
- Propriozeptive Wahrnehmung im Bewegungsapparat,
- Visuelles System (Augen): optische und räumliche Wahrnehmung,
- Auditorisches System (Hörsinn),
- vestibuläre Wahrnehmung,
- Chemische Sinne: Geschmacks- und Geruchssinn.

Die Informationen einzelner Sinneseindrücke werden über Nerven an das menschliche Gehirn übermittelt und nicht isoliert interpretiert, sondern zu einer Wahrnehmung der Gesamtsituation zusammengesetzt. Dabei spielt die individuelle Erfahrung zur Interpretation der Informationen eine große Rolle.

Die Größen, die fahrdynamisches Verhalten charakterisieren, sind im Wesentlichen Beschleunigungen, Beschleunigungsänderungen, Geschwindigkeiten, Differenzgeschwindigkeiten und Abstände. Die eigene Fahrgeschwindigkeit wird optisch anhand der Umgebung, über das Ablesen des Tachometers und auch sekundär über die Lautstärke des Fahrgeräusches wahrgenommen [10–13]. Abstände zu anderen Verkehrsteilnehmern oder feststehenden Objekten der Umgebung können über das Sehvermögen festgestellt werden. Aufgrund des geringen Abstands zwischen den beiden Augen nimmt die Fähigkeit zur binokularen Triangulation mit zunehmendem Abstand zum Objekt ab und der Mensch nutzt die Beweglichkeit des Kopfes, um zusätzliche Blickwinkel zu erzeugen oder seine Erfahrung bezüglich der tatsächlichen Größe bestimmter Objekte [11, 13]. Über die Größenänderung werden Differenzgeschwindigkeiten eingeschätzt. Visuell werden auch die Winkel zwischen überlagerten Bewegungen, wie die fahrdynamisch relevanten Schwimm- und Gierwinkel, wahrgenommen. Eine besondere Bedeutung kommt in den durchgeführten Studien der Wahrnehmung von Beschleunigungen und deren Änderung zu. Diese werden über die Vestibularorgane und somatoviszeral über den Druck auf der Hautoberfläche oder an den Eingeweiden wahrgenommen [10]. Die Wahrnehmung erfolgt dabei wesentlich über die Vestibularorgane in den Innenohren. Ein Innenohr besteht aus der

Cochlea, einem fünfteiligen Vestibularorgan und den zugehörigen Nerven zur Weiterleitung der aufgenommenen Informationen. Die Funktion der Cochlea ist die Schallwahrnehmung, also das eigentliche Hören. Die Wahrnehmung translatorischer Beschleunigungen geschieht über zwei Otolithenorgane für die beiden horizontalen bzw. die vertikale Richtung. Die grundlegende Funktion dabei übernehmen Haarzellen, die bei Bewegung in eine bestimmte Vorzugsrichtung ein elektrochemisches Signal abgeben. Diese Haarzellen befinden sich in einer viskosen, beweglichen Masse. Diese Masse hat eine höhere Dichte, als die flüssige Endolymphe, die sie umgibt. Kommt es nun zu translatorischen Beschleunigungen, bewegt sich die viskose Masse aufgrund ihrer Trägheit und höheren Dichte in der Endolymphe und beugt die in ihr befindlichen Haarzellen. Rotatorische Beschleunigungen werden in ähnlicher Funktionsweise über drei Bogengänge und die darin befindlichen Cupulae aufgenommen. Dazu sind die Bogengänge nahezu jeweils rechtwinklig zueinander angeordnet um alle Raumrichtungen isoliert zu erfassen. Bei den Cupulae handelt es sich um Membrankuppeln, die mit viskoser Masse gefüllt sind und die Haarzellen zur Bewegungserfassung enthalten. Im Gegensatz zu den Otolithenorganen hat die viskose Masse in den Cupulae hier dieselbe Dichte wie die Endolymphe, sodass bei einer translatorischen Beschleunigung keine Reaktion hervorgerufen wird. Wird der Kopf rotatorisch beschleunigt, bewegt sich die Endolymphe im entsprechenden Bogengang aufgrund ihrer Trägheit im Kreis und deformiert die Cupula, die der Flüssigkeit in der Engstelle einen Widerstand bietet. Dadurch werden wiederrum die Haarzellen im Inneren gebeugt und die Drehbeschleunigung kann wahrgenommen werden. [10–13]

Die Wahrnehmungen der unterschiedlichen Wahrnehmungskanäle werden im Gehirn zu einem Gesamtbild fusioniert und situativ mit einer Erwartung zum Bewegungszustand abgeglichen. Die Erwartung hängt dabei vom Erfahrungsumfang zur jeweiligen Situation, also hier beispielsweise der Fahrerfahrung, ab. Ergeben die Wahrnehmungen aus den einzelnen Kanälen kein konsistentes Gesamtbild, oder differiert dieses wesentlich von der Erwartung, können dadurch Kinetosen ausgelöst werden. Diese äußern sich durch Symptome wie Unwohlsein oder Übelkeit bis hin zu Erbrechen. Die Erwartung zum Bewegungszustand unterliegt neben der Erfahrung auch Gewöhnungseffekten. Beispielsweise lösen sich Kinetosesymptome in der Seefahrt meistens binnen weniger Tage nach Fahrtantritt vollständig auf. Im PKW können Fahrer den Bewegungszustand des Fahrzeugs aufgrund von Eingaben und Rückmeldungen über Lenkrad und Pedale besser antizipieren als Beifahrer. Bewegungsgrößen, Kräfte und Momente an Lenkrad und Pedalerie werden dabei kombiniert taktil über das Druckempfinden an der Hautoberfläche und propriozeptiv über den Bewegungsapparat aufgenommen [10, 11]. Kinetosen treten daher bei Beifahrern während Autofahrten häufiger auf als bei Fahrern. Wird der Blick von der Fahrbahn abgewandt, kommt es zusätzlich zu einem Konflikt bei der Wahrnehmungsfusion, da die Fahrzeugbewegung optisch nicht mehr wahrgenommen wird. Dies begünstigt ebenfalls das Auftreten von Kinetosen. [14–18]

Die hier vorgestellten Studien simulieren eine hochautomatisierte Fahrt ohne Fahrerinteraktion in einem bewegten Fahrsimulator. Diskomfort oder Kinetosen können in dieser Anwendung aus unterschiedlichen Gründen auftreten. Die Probanden werden angewiesen, während der Fahrt weder die Hände am Lenkrad, noch die Füße auf den Fahrpedalen zu halten. Das Lenkrad wird in den Probandenstudien motorisch entsprechend der vom Automatisierungssystem gestellten Winkel mitbewegt, sodass die Lenkradbewegungen visuell wahrgenommen werden können. Die fehlende Rückmeldung führt zu einer reduzierten Antizipationsfähigkeit und ist im Rahmen der Untersuchung von automatisierten Fahrfunktionen gewollt. Während einzelner Versuchsphasen werden die Probanden gebeten, Ihren Blick von der Windschutzscheibe abzuwenden. Der hierdurch provozierte Konflikt in der Wahrnehmungsfusion ist ebenfalls Bestandteil der Untersuchung. Hierdurch wird der Einfluss fahrfremder Tätigkeiten simuliert, wie sie künftig bei hochautomatisierten Fahrten zulässig sind. Prinzipbedingt gibt der Fahrsimulator den Bewegungszustand nur näherungsweise und mit insgesamt geringerem Beschleunigungsniveau wieder. Das reduzierte Beschleunigungsniveau ist der reduzierten Intensität der visuellen Bewegungswahrnehmung angepasst, die im Simulator durch die zweidimensionale Projektion der Umgebung entsteht. Weiterhin entstehen im Simulator mit zunehmender Dynamik prinzipbedingt Latenzen zwischen der visuellen und der Bewegungswiedergabe. Die durch den Simulator induzierten Wahrnehmungsstörungen sind dabei prinzipiell nicht gewollt und werden durch adäquate Anpassungen in Fahrszenario und Bewegungswiedergabe soweit kompensiert, dass ein Einfluss auf das Versuchsergebnis ausgeschlossen werden kann (siehe Kap. 3.3) [9].

2.2 Automatisierte Fahrzeugführung

Aktuelle PKW werden immer häufiger mit Fahrerassistenzsystemen ausgerüstet, die den Fahrer entlasten und die Fahraufgabe teilweise oder zeitweise ganz übernehmen [3, 8, 19–22]. Dazu nehmen die Systeme je nach Funktionsumfang den eigenen Fahrzustand und die Verkehrssituation über Sensoren wahr, leiten Fahraktionen ab und führen diese über Aktuatoren aus. Der etablierte Standard SAE J3016 teilt Fahrerassistenzsysteme nach ihrem Funktionsumfang in sechs Kategorien (Level) ein [2]. **Tabelle 2.1** fasst die wesentlichen Kategorisierungsmerkmale für die Level 0 bis 5 zusammen. Level 0 bezeichnet dabei die klassische vollständig manuelle Fahrzeugführung durch den Fahrer. Assistenzfunktionen, die nur warnende Funktionen haben oder nur zur Unfallvermeidung oder -folgenminderung ins Fahrgeschehen eingreifen können auch im Level 0 vorhanden sein und stellen nach SAE J3016 kein Merkmal für die Einordnung in eine Automationsstufe dar. Beispiele für derartige Funktionen sind automatische Notbremsassistenten, Spurverlasssenswarner oder Totwinkelwarner.

Tabelle 2.1:   Übersicht Automatisierungslevel 1-5 nach SAE J3016 [2]

	Level 0	**Level 1**	**Level 2**	**Level 3**	**Level 4**	**Level 5**
Überwachung	Fahrer	Fahrer	Fahrer	System	System	System
Einsatzbereich	immer	Beschränkt auf bestimmte Bedingungen			vollständig	
Übernahmebereitschaft	Fahrer überwacht dauerhaft			Ja	Nein	Nein
Längsführung	Fahrer	Fahrer / System	System	System	System	System
Querführung	Fahrer		System	System	System	System

Im Automatisierungslevel 1 wird die Längs- oder Querführung vom System übernommen. Die jeweils andere Richtung wird weiterhin vom Fahrer geregelt. Dabei muss das System die jeweilige Führungsaufgabe vollständig abdecken. Beispiele dafür sind ein Abstandsregeltempomat (ACC) oder ein Spurhalteassistent (ALKS) mit Spurmittelführung. Ab dem Level 2 lassen sich Längs- und Querführung simultan an das System übertragen, wie es in der Kombination von ACC und ALKS möglich ist. Bis zum Level 3 muss der Fahrer dabei ständig das System überwachen, bei Fehlern eingreifen und bleibt in der Verantwortung für die Fahrzeugführung. Ab dem Level 3 ist es dem Fahrer möglich, die Aufmerksamkeit vom Verkehrsgeschehen abzuwenden, da sich das System hier selbst überwacht. Der Fahrer muss auf Anforderung des Systems allerdings in einer vordefinierten Zeit von beispielsweise zehn Sekunden [23] wieder zur Verfügung stehen, um die Fahraufgabe wieder vollständig zu übernehmen. Ab dem Level 4 ist diese Bereitschaft eines Fahrers nicht mehr notwendig. Das Automatisierungssystem ist dann in der Lage, das Fahrzeug in jeder Situation selbst in einen sicheren Zustand zu überführen und beispielsweise auf einem Parkplatz abzustellen. In den Leveln 1-4 können die Systeme die Fahrt nur unter bestimmten Bedingungen übernehmen. Dies kann Einschränkungen bezüglich des Einsatzorts (z.B. nur auf der Autobahn) oder der Einsatzbedingungen (z.B. nur bei Tageslicht oder nur in bestimmten Fahrgeschwindigkeitsbereichen) betreffen. Werden diese Bedingungen verlassen, fordert ein Level 3 System den Fahrer zur Übernahme auf. Ein Level 4 System ist in der Lage, auf solche Situationen auch ohne Fahrer zu reagieren. Ein System nach dem höchsten Level 5 kann ohne Einschränkungen in allen Betriebsbedingungen des entsprechenden Fahrzeugs eingesetzt werden.

Die Zulassungsvoraussetzungen für Fahrerassistenzsysteme und hochautomatisierte Fahrfunktionen sind für den europäischen Bereich durch die Wirtschaftskommission für Europa der Vereinten Nationen (UN/ECE) in den ECE-Regelungen festgelegt [24]. Systeme der Level 1 und 2 sind herstellerübergreifend weltweit verbreitet erhältlich. Das erste serienmäßig im westlichen Markt erhältliche System mit einer Klassifikation nach Level 3 ist seit 2022 in Deutschland erhältlich [3, 4]. Dabei handelt es sich um eine Stau-Pilot Funktion, die in dichtem Verkehr bei Fahrgeschwindigkeiten von bis zu 60 km/h auf Autobahnen die Längs- und Querführung innerhalb einer Fahrspur übernimmt. Zuvor war das Vorhaben eines anderen Herstellers zur Absicherung eines ähnlichen Systems im Jahr 2020 gescheitert [25].

Anhand dieser Markteinführungen und aktueller Forschungsarbeiten lassen sich die Herausforderungen in der technischen Realisierung von Funktionen nach Level 3 oder höher verdeutlichen. Diese Funktionen sind darauf angewiesen, die Fahraufgabe an den Fahrer zurückgeben zu können, wenn Situationen auftreten, die vom System nicht beherrscht werden können. Um sicherzustellen, dass der Fahrer ständig bereit zur Übernahme ist, werden bestimmte Merkmale, wie der Lidschluss oder die Kopfbewegung bei aktiver Funktion überwacht [26, 27]. Wie eine sichere Übergabe der Fahraufgabe zurück an den Fahrer erfolgen kann und welche Zeit der Fahrer nach einer Nebentätigkeit benötigt, um sich in der Verkehrssituation zu orientieren ist Gegenstand aktueller Forschungsarbeiten [28–34]. Zur Wahrnehmung der Verkehrssituation rund um das eigene Fahrzeug kommen je nach Hersteller unterschiedliche Sensoren und Sensorkombinationen zum Einsatz. Neben optischen Kameras kommen Ultraschall-, Radar- und Lidarsysteme zum Einsatz, wobei von verschiedenen Herstellern unterschiedliche Strategien verfolgt werden [4, 22, 35, 36]. Es zeichnet sich am Markt allerdings ab, dass gerade bei höheren Automatisierungsgraden ab Level 3 eine Kombination aller Technologien zum Einsatz kommt um die Qualität der Umfeldwahrnehmung zu verbessern und Redundanzen für Ausfälle zu schaffen [4, 36]. Redundanzen sind ebenfalls in der Aktuatorik und Datenverarbeitung der Fahrfunktionen zu finden [4]. Neben der sensorischen Aufnahme der Umgebungsinformationen ist auch die Interpretation zu einem Gesamtverständnis der Verkehrssituation ein aktuelles Forschungsthema. Ein Teilgebiet dabei ist die Vorhersage des Verhaltens anderer Verkehrsteilnehmer in der jeweiligen Verkehrssituation [37–39]. Neben Fahrer und Verkehrsgeschehen ist die Überwachung der Einsatzbedingungen ab Level 3 ebenfalls deutlich komplexer als in den vorhergehenden Automatisierungsleveln. So werden beispielsweise Einsatzfahrzeuge mit Sondersignal über Mikrofone im Außenbereich oder eine nasse Fahrbahn über Feuchtigkeitssensoren in den Radkästen erkannt und der Fahrer zur Übernahme aufgefordert [4].

Funktionen, die einen Fahrspurwechsel auf der Autobahn durchführen oder den Fahrer dabei unterstützen, sind aktuell nur bis zum Automatisierungslevel 2 am Markt zu finden. Auch die zulassungstechnische Regulierung sieht automatische Fahrspurwechsel bisher nur mit Fahrerinteraktion vor [26, 40]. Ein Fahrspurwechsel kann durch den Fahrer bei aktivem Spurhalteassistent initiiert werden. Dazu muss der Fahrer je nach System den Fahrtrichtungsanzeiger aktivieren und teilweise zusätzlich mindestens einen initialen Lenkimpuls geben. Der Spurwechsel wird bei PKW in max. 5 Sekunden mit einer Querbeschleunigung von max. 1 m/s² (zusätzlich zur ggf. vorliegenden Kurvenbeschleunigung) durchgeführt [40]. Danach wird die Spurmittenführung automatisch wieder aktiv. Zur Implementierung und Applikation von Spurwechselfunktionen gibt es viele aktuelle Forschungsarbeiten, die sich mit unterschiedlichen Aspekten befassen. Neben der Planung von Spurwechseltrajektorien [41–43] ist auch die Folgeregelung [42, 44–47], sowie die Fahrerinteraktion und die gesamte Funktionsstrategie und Parametrierung [48–51] Gegenstand von Untersuchungen.

In der vorliegenden Arbeit wird basierend auf diesem Forschungsstand eine prototypische Fahrspurwechselfunktion mit Automatisierungslevel 4 implementiert. Fokus ist bei der Erprobung des Systems der vom Insassen empfundene Fahrkomfort. Der Stand der Forschung zum Fahrkomfort insbesondere beim Einsatz automatisierter Fahrfunktionen wird im folgenden Kap. 2.3 dargestellt.

2.3   Fahreigenschaften

Die gezielte Auslegung der von den Insassen empfundenen Fahreigenschaften eines Fahrzeugs ist das Ziel bei der Untersuchung von Fahrdynamik und -komfort [52]. Bei der Objektivierung wird dazu versucht, das Auftreten subjektiv empfundener Eigenschaften anhand objektiver Kriterien vorauszusagen [53–55]. Mithilfe der ermittelten Zusammenhänge können im Entwicklungsprozess aus Gesamtzielen für das Fahrverhalten, z.B. einem gewünschten Grad an Sportlichkeit, objektive Zielwerte für das Verhalten in bestimmten Testmanövern abgeleitet werden. Mit verschiedenen Simulationsmodellen kann die Einhaltung dieser Werte während der Entwicklung einzelner Baugruppen oder Systeme, wie z.B. dem Fahrwerk oder einem Assistenzsystem, stetig überprüft werden [55, 56]. Kennwerte für Fahrdynamik beziehen sich hauptsächlich auf die Längs- und Querdynamik, um die Eigenschaften des Regelkreises Fahrer-Fahrzeug-Umwelt zu bestimmen. Der Begriff Fahrkomfort erfasst alle auf die Insassen einwirkenden Faktoren, die ausschlaggebend sind, damit eine Fahrt als angenehm empfunden wird. Bezüglich des Fahrverhaltens handelt es sich dabei hauptsächlich um Schwingungsphänomene in der Fahrzeugbewegung [55]. Aus den Anforderungen an Fahrdynamik und Fahrkomfort leiten sich häufig gegensätzliche Ziele zur Auslegung ab. Während z.B. aus Komfort-Sicht ein weicheres Fahrwerk zur Entkopplung der Karosserie von Fahrbahnunebenheiten vorteilhaft ist, führt dies in Sachen Fahrdynamik zu einer weniger direkten Rückmeldung des Fahrzustands an den Fahrer und damit zur einer schlechtere Kontrolle [52, 55]. Allgemein lassen sich die Anforderungen an Fahrdynamik (FD) und Fahrkomfort (FK) wie folgt formulieren [52, 55]:

- möglichst geringe Beschleunigungen auf die Insassen (FK),
- geringe Geräuschentwicklung, gute Fahrbahnentkopplung (FK),
- einfache und präzise Kontrollierbarkeit der Fahrbewegung (FD),
- sinnvolle Rückmeldung des Fahrzustands an den Fahrer (FD),
- Störungen sollen nur geringe Kursabweichungen verursachen (FD),
- hohe max. Kurvengeschwindigkeit bzw. Querbeschleunigung (FD).

Über eine grundlegende Erfüllung dieser Anforderungen hinaus können mit Fahreigenschaftskriterien bestimmte Attributionen erzeugt werden, wie z.b. ein sportliches Lenkverhalten bei schneller Fahrzeugreaktion auf Lenkeingaben. Der untere Grenzbereich des Fahrkomforts ist die Reisekrankheit (Kinetose), die nicht nur mit unkomfortablen Empfindungen, sondern auch mit Krankheitssymptomen wie Übelkeit oder Erbrechen einhergeht [6, 14, 15]. Diese Symptome treten bei Beifahrern häufiger auf als bei Fahrern, die Ihren Kopf in Kurven eher nach kurveninnen mitbewegen [15]. Im Zusammenhang mit hochautomatisiertem Fahren gewinnt dieser Forschungsbereich an Bedeutung, da auch der Fahrer sich fahrfremden Tätigkeiten widmen kann und so das Auftreten einer Kinetose begünstigt wird [6, 57].

Die Wahrnehmung der Fahreigenschaften ändert sich wesentlich, wenn das Fahrzeug nicht vom Fahrer, sondern automatisiert geführt wird. Während für die manuelle Führung lange etablierte Kriterien und Beschreibungen existieren, werden für die automatisierte Fahrzeugführung aktuell viele Forschungsarbeiten, wie die vorliegende, durchgeführt. Die beiden folgenden Kapitel stellen für beide Fälle den Stand der Technik dar, aus dem sich die Forschungsfrage dieser Arbeit ableitet. Schwerpunkt ist dabei die Querdynamik, speziell das automatisierte Spurwechselmanöver.

2.3.1 Manuell geführter Fahrzeuge

Nach der Definition der Begriffe Fahrdynamik und Fahrkomfort fasst dieses Kapitel die wesentlichen Kennwerte und Auslegungsgrundsätze für manuell geführte Fahrzeuge zusammen. Die Zusammenhänge sind ausgiebig erforscht und in der Literatur weitreichend beschrieben. Sie sind in den Entwicklungsprozessen von Fahrzeugherstellern etabliert [58].

Die grundlegenden stationär definierten Fahrdynamik-Kennwerte in Fahrzeugquerrichtung sind in **Tabelle 2.2** zusammengefasst. Diese Kennwerte können anhand von Modellen oder Fahrversuchen ermittelt werden. Sie sind für den stationären Fall definiert, können aber auch instationär oder im eingeschwungenen Zustand beurteilt werden. Zur Bestimmung im Fahrversuch werden stationäre Kreisfahrtmanöver mit unterschiedlicher Geschwindigkeit bzw. unterschiedlicher Fahrspurkrümmung K durchgeführt [52].

Tabelle 2.2:   Querdynamische FD Kennwerte stationär [52, 55, 59]

Bezeichnung	Formel	Beschreibt
Gierverstärkungsfaktor	$\dot{\psi}/\delta_L$	Kreisfahrt-Verstärkung
Eigenlenkkoeffizient	$d\delta_L/d(Kv^2)$	Über- / Untersteuerverhalten
Schwimmwinkelgradient	$d\beta/d(Kv^2)$	Schwimmverhalten
Lenkwinkel-Schwimmwinkelgradient	$d\delta_L/d\beta$	Richtungshaltung
Lenkmomentgradient	$dM_L/d(Kv^2)$	Lenk-Rückmeldung

Die stationären Kennwerte erfassen die Fahrzeugreaktionen auf die Lenkradwinkeleingaben δ_L des Fahrers und die Rückmeldung bzgl. des Fahrzustands über das Lenkmoment zurück an den Fahrer. Dabei wird der vom Fahrer wahrgenommene Lenkaufwand durch den Gierverstärkungsfaktor $\dot{\psi}/\delta_L$ und dessen Änderung bei veränderter Geschwindigkeit oder Fahrspurkrümmung durch den Eigenlenkgradienten $d\delta_L/d(Kv^2)$ beschrieben. Die charakteristische Beschreibung des Über- oder Untersteuerns eines PKW geht dabei mit einem negativen bzw. positiven Eigenlenkkoeffizienten einher. Zusammen mit den Schwimmwinkelkennwerten $d\beta/d(Kv^2)$ und $d\delta_L/d\beta$ werden die Spurhalteeigenschaften beschrieben. Werden diese Kennwerte frequenzabhängig im eingeschwungenen Zustand mit einer permanenten sinusförmigen Anregung unterschiedlicher Frequenz beurteilt, erhält man zusätzlich die Eigenfrequenzen, an denen eine Überhöhung der Fahrzeugreaktion stattfindet. Je nach Lage und Amplitudenüberhöhung der Giereigenfrequenz kann die Fahrzeugreaktion beim Einlenken als nachschwingend wahrgenommen werden [55].

Neben den stationären Kennwerten werden über instationär definierte Kennwerte bestimmte charakteristische, transiente Fahrzeugreaktionen erfasst. Dies geschieht in der Regel durch einen Versuch, in dem die Reaktion auf einen Lenkradwinkelsprung erfasst wird. Der Versuch kann mit Fahrdynamikmodellen simulativ oder im realen Fahrversuch erfolgen. Der Basisversuch wird mit 80 km/h und einer sich stationär einstellenden Querbeschleunigung von 4 m/s² durchgeführt [60]. Der Versuch kann durch weitere Geschwindigkeits- und Querbeschleunigungsstufen ergänzt werden, um den linearen oder den nicht-linearen Bereich weiter auszutasten. Die dabei üblicherweise beurteilten Kennwerte sind in **Tabelle 2.3** zusammengefasst. Das instationäre Verhalten wird charakterisiert durch zwei Antwortzeiten und eine Überschwingweite. Die Antwortzeiten charakterisieren die Reaktionszeit, die das Fahrzeug benötigt um auf eine sprungartige Lenkanregung zu reagieren. Response Time und Peak Response Time erfassen dabei den Zeitverzug zwischen dem Erreichen der halben Lenkanregung und der 90 % Stationärgierantwort bzw. der maximalen Gierantwort. Die Überschwingweite $U_{\dot{\psi}}$ stellt die Amplitudenhöhe der Antwort im Vergleich zum stationären Verhalten dar. Die Tabelle zeigt die Parameter für die Gierantwort $\dot{\psi}$. Analog lässt sich das Verhalten für den Schwimmwinkel β und die Querbeschleunigung a_y ermitteln. Auch das Verhältnis zwischen den Antworten $T_{a_y}/T_{\dot{\psi}}$ charakterisiert die Lenkdynamik [58].

Tabelle 2.3: Querdynamische FD Kennwerte instationär [52, 55, 60]

Bezeichnung	Beschreibt
Response Time $T_{\dot{\psi}}$	Zeitdauer von 50 % δ_L bis 90 % $\dot{\psi}_{stat}$
Peak Response Time $T_{\dot{\psi}\,max}$	Zeitdauer von 50 % δ_L bis $\dot{\psi}_{max}$
Überschwingweite	$U_{\dot{\psi}} = (\dot{\psi}_{max} - \dot{\psi}_{stat})/\dot{\psi}_{stat}$

Über Zielbereiche zu den einzelnen Kennwerten lassen sich in der Literatur nur wenig konkrete Angaben finden. Diese werden herstellerspezifisch festgelegt und zur Differenzierung am Markt gezielt gewählt. Es lässt sich zusammenfassen, dass aus der Forderung nach Kontrollierbarkeit abgeleitet werden kann, dass der Gierverstärkungsfaktor groß, der Eigenlenkkoeffizient positiv und die Peak-Response-Time in Gierrichtung $T_{\dot\psi}$ klein sein soll [52, 55]. Damit wird eine direkte Reaktion mit geringem Lenkaufwand erzeugt, die bei untersteuerndem Verhalten auch im nicht-linearen Bereich vom Fahrer stabil kontrolliert werden kann. Die Stabilitätsreserve ist für übersteuernde Fahrzeuge nur bis zur kritischen Fahrgeschwindigkeit in Abhängigkeit der dynamischen Dämpfungseigenschaften gegeben [52].

Die bisher genannten Kennwerte und Zusammenhänge beziehen sich hauptsächlich auf die Fahrdynamik und stehen in direktem Zusammenhang mit der Kontrolle des Fahrzeugs durch den Fahrer. Die Wahrnehmung des Fahrkomforts lässt sich schwieriger mit einzelnen Kennwerten objektivieren. Hier gilt die Grundforderung nach möglichst geringen Insassenbeschleunigungen bzw. einer insgesamt geringen Schwingungsbelastung der Insassen [52, 55]. Die instationären Fahrdynamikkriterien sind daher auch direkt komfortrelevant, da beispielsweise die Überschwingweiten bei einem Einlenkmanöver die Insassenbeschleunigung direkt beeinflussen. Bei der schwingungstechnischen Auslegung ist die bewusste Wahl von Eigenfrequenzen und Dämpfungsmaßen wesentliches Werkzeug [55]. Die menschliche Schwingungswahrnehmung ist abhängig von Frequenz und Richtung [61]. Die Auswirkungen auf den Körper werden unterhalb einer Wahrnehmungsschwelle nicht festgestellt gehen über unangenehme Wahrnehmungen (Diskomfort) bis hin zu bleibenden Schäden [61]. Schwingungen werden im Kraftfahrzeug hauptsächlich durch Fahrbahnunebenheiten, den Antriebsstrang (Motor) und den Fahrer über Lenk- und Fahrpedal- und Bremseingaben induziert. Die Anregungen haben dabei auch typische Richtungen und Frequenzen. Je besser die Auslegung eines Übertragungspfads, wie beispielsweise das Fahrwerk, desto geringere Beschleunigungen werden vom Insassen bei gleicher Anregung wahrgenommen. Dazu werden Eigenfrequenzen möglichst weit entfernt von Frequenzen großer Anregungen und von wahrnehmungssensiblen Frequenzbereichen gewählt. Dies gewährleistet eine bestmögliche Entkopplung [52, 55, 59, 61]. Ein weiches Fahrwerk führt z.B. zu einer guten Entkopplung, aber gleichzeitig zu großen Radbewegungen. Daraus resultiert auch eine erhöhte Reaktionszeit auf Lenkeingaben und größere Radlastschwankungen. Letztere sind fahrdynamisch unerwünscht, weil sich dadurch die Seitenkraftreserve der Achse reduziert [62].

Die dargestellten Zusammenhänge bilden den derzeitigen Stand der Technik zur Fahreigenschaftsbewertung ab. Sie dienen in den folgenden Untersuchungen als Grundlage. Die Kriterien liefern einen validen Ausgangspunkt zur Bildung neuer Komfortkriterien. Bekannte Zusammenhänge werden in dieser Arbeit auf die veränderten Bedingungen beim automatisierten Fahren übertragen. Dazu werden in Fahrversuchen mit Probanden die Eigenschaften automatisiert gefahrener Spurwechsel variiert und bzgl. des Insassenkomforts bewertet. Probandenstudien sind eine gängige Methode, um das gesamte Zusammenspiel von Fahrer, Fahrzeug und Umwelt möglichst valide zu erfassen. Die Studien beschränken sich meistens auf einzelne Fahrsituationen, Einsatzbedingungen und Fragestellungen. Je nach Fragestellung werden Studien mit realen Fahrzeugen auf öffentlichen Straßen, Testgeländen oder im Fahrsimulator durchgeführt [6, 8, 9, 44, 63, 64].

Zu Eigenschaften manuell gefahrener Fahrspurwechsel sind in der Literatur mehrere Studien zu finden [49, 65–69]. Die Studien beziehen sich hauptsächlich auf längsdynamische Parameter bzw. das Verkehrsverhalten der Fahrer. Zur Querdynamik lassen sich nur wenig detaillierte Aussagen finden. Es ist nachzuweisen, dass mit zunehmender Verkehrsdichte, bzw. Kritikalität der Manöverparameter die Spurwechseldauer ab und die Spurwechseldynamik zunimmt [65, 67]. Weiterhin besitzt die Dynamik der Spurwechsel mit abnehmender Kritikalität eine zunehmende Asymmetrie [70, 71]. Zur Komfort-Wahrnehmung der manuell gefahrenen Spurwechsel liegen keine Daten vor.

Die im folgenden Kapitel vorgestellten Studien und Forschungsstände beziehen sich auf automatisiert gefahrene Situationen. Hier liegen deutlich detailliertere Daten zum Komfortempfinden vor.

2.3.2 Automatisiert geführter Fahrzeuge

Das vorhergehende Kapitel beschreibt die klassische Auffassung der Fahreigenschaften wie sie für manuell geführte Fahrzeuge wissenschaftlicher Konsens ist. Die meisten der eingeführten Fahrdynamik bzw. Fahrkomfort-Kennwerte erfassen die Fahrzeugrektion auf eine Fahrereingabe, wie beispielsweise den Lenkwinkel. Bei hochautomatisierten Fahrten tätigt der Fahrer weder Eingaben zur Fahrzeugführung, noch kann er Rückmeldungen wie z.B. das Lenkmoment wahrnehmen. Daran wird deutlich, dass zur Beschreibung der Fahreigenschaften automatisiert geführter Fahrzeuge andere bzw. weitere Kriterien benötigt werden. Eine automatisierte Fahrzeugführung übernimmt ganz oder teilweise die Aufgaben eines Fahrers. Damit werden nicht nur die systemdynamischen Eigenschaften des Regelkreises zur Fahrzeugführung beeinflusst, sondern auch eine Charakteristik eingebracht, die sonst als Fahrstil vom Fahrer gesetzt wird. Diese Charakteristik bezieht sich im Wesentlichen darauf, wie die Bahnführung in der dreigeteilten Fahraufgabe (Navigation – Bahnführung – Stabilisierung) erfüllt wird [8, 19, 21, 72]. Die im vorhergehenden Kapitel beschriebenen klassischen Kriterien beziehen sich hingegen nur auf die Stabilisierungsebene. Die Fahrcharakteristik umfasst damit z.B. auch Entscheidungen, ob und wann eine Fahrspur gewechselt wird, und wie die Bahnkurve dabei gestaltet wird [8, 57, 72–76]. Letzteres wird in den Untersuchungen der vorliegenden Arbeit evaluiert. Die Eigenschaften der Folgeregelung auf Stabilisierungsebene und die Charakteristik auf Bahnführungsebene beeinflussen sich auch gegenseitig. Sie definieren in Summe die vom Insassen wahrgenommenen Eigenschaften und den Fahrkomfort bei hochautomatisierter Fahrt [8, 57, 72, 74, 76]. Hochautomatisierte Fahrfunktionen sind in der Geschichte des PKW relativ jung. Daher gibt es im Vergleich zu den klassischen Fahrdynamik und -komfort Kriterien noch keinen umfassend etablierten technischen Stand. Dieses Kapitel fasst den Forschungsstand zum Einfluss aktiver Querführungsfunktionen, speziell Fahrspurwechselfunktionen, auf den Insassenkomfort zusammen. Aus diesem Stand wird die Forschungsfrage dieser Arbeit abgeleitet.

Eine in der Evolution vom manuellen zum automatisierten Fahren häufig diskutierte Frage ist, ob ein Fahrer automatisiert auch in seinem eigenen Fahrstil gefahren werden möchte. Diese Frage kann anhand der aktuell vorliegenden Studienlage in der Literatur nicht umfassend beantwortet werden. Vorliegende Studien mit sowohl längs- als auch querdynamischen Versuchen weisen allerdings darauf hin, dass weder eine Präferenz für den eigenen Fahrstil, noch ein personenindividuelle Fahrstilpräferenz nachzuweisen ist [57, 71, 72, 74, 77, 78]. Dennoch können in den Automatisierungslevel 2 und niedriger Vorteile für das Fahrsicherheitsgefühl erzeugt werden, wenn dem Fahrer stetig Möglichkeiten zur Anpassung [79] der Fahrcharakteristik gegeben wird [80]. Insgesamt ist aber zu konkludieren, dass die Effekte manöverspezifischer Parameter auf den Komfort deutlich größer sind, als die persönlicher Präferenzen [72, 78].

Die grundlegendste Querführungsfunktion ist die Spurführung bzw. Spurmittenführung (LKAS). Entsprechende Systeme sind bis zum Automatisierungslevel 2 weit verbreitet. In mehreren Studien [81, 82] konnte nachgewiesen werden, dass der Einsatz des Assistenzsystems mit einer erhöhten Belastung des Fahrers einher geht. Dies wird vor allem auf unerwartete, nicht vorhersehbare Systemabschaltungen zurückgeführt, bei denen der Fahrer eingreifen muss. In weitergehenden Forschungsarbeiten [83–86] werden objektive Kriterien zur Bewertung von LKAS entwickelt und für verschiedene Fahrzeuge untersucht. Die Kriterien erfassen die Spurhaltequalität bei Geradeausfahrt anhand der Lateral-, der Gierwinkelabweichung und dem Frequenzspektrum der lateralen Oszillation sowie die verfolgte Bahnkurve bei Kurvenfahrt. Mit einem Koeffizienten wird dabei bewertet, ob das LKAS Kurven eher schneidet, oder das Fahrzeug in Kurven nach außen getragen wird [83].

Fahrspurwechselassistenten sind im Markt weniger verbreitet ebenfalls bis zum Automatisierungslevel 2 erhältlich. Es handelt sich dabei um eine Querführungsfunktion, die um das Spurwechselmanöver erweitert ist, wobei jedes einzelne Manöver einzeln nach den Zulassungsvorschriften in Europa durch den Fahrer initiiert werden muss [24, 26, 40]. Dabei ist die Fahrerinteraktion vor allem für die Kundenakzeptanz ein relevanter Untersuchungsgegenstand in mehreren Studien. Für die Steuerung der Level 2 Funktion wird die Nutzung des Blinkerhebels für die Initiierung des Manövers und eine Lenkmomenteingabe zum Manöverabbruch präferiert [87]. Ein antizipierbares und nachvollziehbares Systemverhalten wird häufig als Schlüsselkriterium für Akzeptanz sowie ein gutes Komfort- und Sicherheitsempfinden gesehen. Hierzu existieren Studien, die auch im Hinblick auf höhere Automatisierungslevel unterschiedliche Arten zur Rückmeldung des Systemstatus an den Insassen evaluieren. In Studien konnte eine spürbare Rückmeldung über den Beginn eines Fahrspurwechsels an den Fahrer als Komfort verbessernd nachgewiesen werden [8, 34, 73, 76, 88, 89]. Die Ankündigung des Spurwechsels erfolgte dabei durch vorgelagerte Beschleunigungsmanöver [88] oder durch Wankbewegung des Fahrzeugaufbaus [90].

Zur Auslegung der o.g. Charakteristik von hochautomatisierten Spurwechseln in Bezug auf den subjektiv empfundenen Insassenkomfort existieren ebenfalls Studien. Diese wurden sowohl in Erprobungen mit Realfahrzeugen als auch an Fahrsimulatoren durchgeführt. Dabei wird auf verschiedene Weisen für die Probanden eine Automation nach Level 3 oder höher simuliert. In allen folgend beschriebenen Studien wurden die Spurwechsel ausschließlich auf geraden Fahrbahnabschnitten durchgeführt.

Die Trajektorie beim Spurwechsel als Teil der Charakteristik ist dabei mehrfach Untersuchungsgegenstand. In mehreren Studien hat sich eine Ausprägung mit einem Querbeschleunigungsmaximum von $|\hat{a}_y| \sim 1$ m/s² [57, 88] bzw. einer Spurwechseldauer von ca. 5 s [76, 88] als komfortoptimal erwiesen. Dabei werden asymmetrische Trajektorienformen mit einer höheren Dynamik zu Beginn besser bewertet als symmetrische Trajektorien [8, 57, 70, 71, 88]. Der Idee zur asymmetrischen Applikation bei der automatisierten Fahrzeugführung geht dabei auf die Auswertung manuell gefahrener Spurwechsel zurück [70]. In diesem Punkt gibt es gewisse Evidenz zur Präferenz eines manuellen Fahrstils bei der Ausprägung der automatisierten Funktion, obwohl dies wie o.g. nicht generell nachzuweisen ist.

In [57] wird eine Studie mit 36 Teilnehmern beschrieben, die auf einem Testgelände im Realfahrzeug durchgeführt wurde. Die Fahrzeugführung erfolgt automatisiert, die Probanden nehmen auf dem Beifahrersitz Platz. Es wird also eine Automation nach Level 4 bzw. 5 simuliert. Neben unterschiedlichen Ausprägungen der Dynamik beim Spurwechsel wird der Einfluss unterschiedlicher fahrfremder Tätigkeiten untersucht, der allerdings für das Spurwechselmanöver nicht nachgewiesen werden kann. Um den subjektiven Eindruck für jedes Manöver zu erfassen, wird mit mehreren Fragen auf einer je fünfstufigen Skala das Komfort- und Sicherheitsempfinden erfragt. Das Ergebnis zeigt unter drei evaluierten Dynamiken eine Präferenz für die Variante mit der geringsten Dynamik. Dabei wird das Maximum der Querbeschleunigung im Bereich $|\hat{a}_y| \in [0,8 .. 1,5 \, m/s^2]$ und der Querruck im Bereich $|\hat{j}_y| \in [1,2 .. 2,6 \, m/s^3]$ variiert. Das Ergebnis zeigt signifikante Korrelationen zwischen Subjektivbewertung und den Faktoren $|\hat{a}_y|$ und $|\hat{j}_y|$.

In mehreren konsekutiv durchgeführten Studien [8, 63, 73] wurden sowohl auf einem Testgelände, als auch mit einem Fahrsimulator teilweise dieselben Spurwechselmanöver bewertet. In der ersten Studie [63] mit 71 Teilnehmern werden neben Spurwechselmanövern auch Abbremsmanöver durchgeführt. Der Fokus liegt dabei auf der Bewertung der Ergebnisübertragbarkeit mit der alten Manöver von der Teststrecke in den Fahrsimulator. Dabei werden beim Einsatz des Fahrsimulator unterschiedliche Motion-Cueing Skalierungen verwendet. Anhand übereinstimmender Subjektivbewertungen wurde die Übertragbarkeit des Spurwechselmanövers in den Fahrsimulator für eine Skalierung der Querbewegung von 50 % nachgewiesen und für eine höhere Skalierungen von 100 % widerlegt. Die Simulationsanlage ist vergleichbar mit der in dieser Arbeit verwendeten Anlage. Für die Wahl der Skalierung wird in dieser Arbeit in den Kap. 2.4 und 3.3 auf diese Studie zurückgegriffen. Neben den Ergebnissen konnten signifikante Ergebnisse bezüglich der Präferenz zwischen unterschiedlichen Dynamikausprägungen des Spurwechselmanövers erzeugt werden. Wie in der zuvor beschriebenen Studie wurden unterschiedliche maximale Querbeschleunigungen verwendet, die im Bereich $|\hat{a}_y| \in [0{,}4 .. 2{,}7 \, m/s^2]$ liegen. Dabei wird auch der Querbeschleunigungsverlauf in seiner Symmetrie gezielt manipuliert. Die Subjektivbewertung wird erfasst, indem auf einer siebenstufigen Skala abgefragt wird, wie gut das einzelne Manöver den persönlichen Präferenzen zum automatisierten Fahren entspricht. Das Ergebnis zeigt konsistent mit [57] eine Präferenz für die Ausprägung mit geringem $|\hat{a}_y|$. Die Form der Trajektorie hat einen kleineren Einfluss auf die Bewertung. Diesbezüglich lässt die Beschreibung in [63] keine detaillierteren Schlüsse zu.

Die zweiten Studie [8, 73] wird mit 72 Teilnehmern ausschließlich im Fahrsimulator durchgeführt. Es werden Spurwechsel-, Beschleunigungs- und Abbremsmanöver durchgeführt und bewertet. Die Bewertung erfolgt in diesem Fall als Angabe der Präferenz im paarweisen Vergleich. Die Spurwechseldynamik wird in drei Stufen durch Änderung von $|\hat{a}_y|$ und $|\hat{j}_y|$ variiert, wobei die Spurwechseldauer mit 8 s konstant bleibt. Die Varianten unterscheiden sich in der Symmetrie des Querbeschleunigungsverlaufs. Es wird eine symmetrische Variante unterschieden von zwei Variationen, bei denen ein größerer Querruck in der Anfangs- bzw. Endphase des Spurwechsels auftritt. Das Ergebnis zeigt eine signifikante Präferenz für die symmetrische Variante bzw. die Variante mit größerem Ruck in der Anfangsphase. Die Variante mit größerem Ruck in der Anfangsphase erhält gegenüber der symmetrischen Variante leicht, aber nicht signifikant bessere Bewertungen. Die Autoren schließen daraus übereinstimmend mit [76] eine Präferenz für eine deutlich wahrnehmbare Rückmeldung bezüglich des Manöverbeginns.

Neben der Ausprägung bezüglich des Beschleunigungs- und Ruckverlauf können weitere Parameter der Fahrcharakteristik mit Hilfe von aktiven

Fahrwerkssystemen variiert werden. Eine Studie zu hochautomatisierten Fahrspurwechseln setzt dazu eine aktive Hinterachslenkung zur Minderung von Kinetose-Symptomen ein [6, 18, 91]. Die Applikation der Hinterachslenkung entspricht einem üblichen Serienstand. Im erprobten Autobahnszenario wird ein Lenkwinkel von bis zu 3°, gleichsinnig mit der Vorderachse gestellt und so die Gierbewegung reduziert [91]. Die Studie wurde am Stuttgarter Fahrsimulator (siehe Kap. 2.4) durchgeführt. Die Probanden schauen während des Versuchs einen Film auf einem Tablet-Computer um eine fahrfremde Nebentätigkeit zu simulieren. Dabei konnte ein Interaktionseffekt zwischen dem Einsatz der Hinterachslenkung und der maximalen Querbeschleunigung des Spurwechselmanövers gezeigt werden. So treten bei Verwendung der Hinterachslenkung und höherer Manöverdynamik mit $|\hat{a}_y| > 3m/s^2$ weniger Kinetose-Symptome auf.

Die vorhergehenden Kapitel stellt den aktuellen Forschungsstand zur Entstehung von subjektiv empfundenem Komfort bei automatisierter Fahrt dar. Im Kap. 3.1 werden hierauf aufbauend die Fragestellungen und Hypothesen dieser Arbeit abgeleitet und in Studien überprüft. Die folgenden Unterkapitel beschreiben die dabei verwendeten Werkzeuge und Methoden.

2.4   Fahrsimulation und Stuttgarter Fahrsimulator

Zur Beschreibung des Komfortempfindens mittels objektiver Kriterien haben sich Versuche in Fahrsimulatoren bewährt. Zur Untersuchung unterschiedlicher Fahrstile wird in dieser Arbeit der Stuttgarter Fahrsimulator eingesetzt. Hier werden Autofahrten für den Menschen erlebbar simuliert. Das Ziel dabei ist eine realistische Interaktion zwischen Insassen und Fahrzeug. Durch die Anlage werden optische, akustische, haptische und vestibulär wahrnehmbare Eindrücke wiedergegeben. Insassen nehmen dafür in einem Fahrzeug-Mockup Platz, das in einer beweglichen Kuppel steht. Die nicht real vorhandenen Teile des Regelkreises Fahrer-Fahrzeug-Umwelt werden mit Simulationsmodellen abgebildet. Dies ist z.B. für die Fahrdynamik, die Fahrumgebung und die ggf. eingesetzten Fahrerassistenzsystemen der Fall. **Abbildung 2.1** zeigt die Simulatorkuppel, die auf dem 8-Achs Bewegungssystem installiert ist. Das Bewegungssystem besteht aus einem Hexapoden der auf einem x-y-Schlitten steht. Der Bewegungsraum des Systems beträgt

10 x 7 m. Es erzeugt die vestibulär und haptisch wahrnehmbaren Eindrücke. Im Inneren der Kuppel befindet sich außer dem Fahrzeug-Mockup ein Projektions-System mit 12 Beamern an der Decke und ein Lausprechersystem am Boden sowie im Fahrzeug-Mockup. So können die Visualisierung der Fahrumgebung auf die Kuppelinnenseite projiziert und die simulierten Fahrgeräusche wiedergegeben werden.

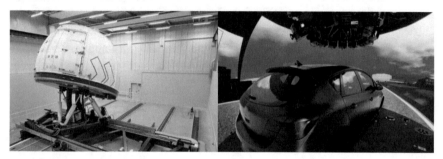

Abbildung 2.1: Stuttgarter Fahrsimulator, links: Bewegungssystem, rechts: Kuppel Interieur

Im Fahrzeug-Mockup sind alle Bedienelemente am Armaturenbrett sowie das Lenkrad, Gaspedal, Bremspedal und Gangwahlhebel voll funktionsfähig. Dabei wird auch ein modifizierbares Feedback, z.B. in Form eines Lenkmoments, einer Pedalkraft oder als Anzeigereaktion im Fahrerinformationsdisplay erzeugt. Die Fahrereingaben werden von Sensoren erfasst und dem Simulationssystem als Eingangsgröße zur Verfügung gestellt. Auf diese Weise kann ein Fahrer im Fahrzeug-Mockup das simulierte Fahrzeug fahren und die Rektionen wahrnehmen.

Neben den Modellen, die das eigene (EGO-) Fahrzeug repräsentieren, bilden weitere Modelle das Verhalten anderer Verkehrsteilnehmer und die übrige Umwelt, wie z.B. Fahrbahn und Wetterverhältnisse, ab. Das Gesamtsystem besteht aus mehreren, logisch unterteilten Modellen und wird auf unterschiedlichen Rechnern im Zeitbereich simuliert. Jedes Modul ist sowohl in seinem Verhalten parametrierbar, als auch als Ganzes austauschbar. Dabei werden marktetablierte, kommerzielle Modelle oder Eigenentwicklungen eingesetzt. Im Rahmen dieser Arbeit wird für die Fahrdynamiksimulation ein validiertes IPG CarMaker Fahrzeugmodell einer Mittelklasse-Limousine verwendet [92]. Als Umgebungssimulation wird Vires Virtual Test Drive eingesetzt. Dieses System bildet die Fahrbahn in Verlauf und Oberflächenbeschaffenheit ab, bestimmt das Verhalten und grafische Erscheinungsbild der übrigen Verkehrsteilnehmer und der statischen Objekte im Simulationsszenario. Das Rendering der Grafikausgabe erfolgt ebenfalls über dieses System. Die Module tauschen an ihren Schnittstellen Daten über ein Netzwerk aus. So werden die benötigten Informationen zur Berechnung des nächsten Zeitschrittes den benachbarten Modulen zur Verfügung gestellt. Die Umgebungssimulation versorgt z.b. das Fahrdynamikmodell mit Informationen über die Höhe der Fahrbahn an den Radaufstandspunkten. Die Fahrdynamiksimulation verwendet diese Information als Eingang im integrierten Reifenmodell. **Abbildung 2.2** zeigt in vereinfachter Darstellung die wesentlichen Module und deren Abhängigkeiten.

Zur Darstellung einer hochautomatisierten Fahrt wird in dieser Arbeit ein prototypisches Assistenzsystem in die Co-Simulation integriert. Dieses System simuliert eine Automatisierung nach SAE Level 4. Das Fahrverhalten ist in unterschiedlichen Ausprägungen wählbar, die dann von Probanden im Fahrsimulator beurteilt werden können. Die Anbindung an die umgebenden Simulationssysteme erfolgt unter anderem über die standardisierte ADASIS Schnittstelle, die von der Umgebungssimulation zur Verfügung gestellt wird [9, 93, 94]. Der Fahrer wird hierbei von seiner Fahraufgabe entbunden und der Regelkreis Fahrer-Fahrzeug-Umwelt über das Assistenzsystem geschlossen (siehe **Abbildung 2.2**). Da im Rahmen dieser Arbeit ausschließlich vollautomatisierte Fahrszenarien verwendet werden, werden die Fahrereingaben aus dem Fahrzeug-Mockup nicht weiterverarbeitet. Das Lenkrad stellt dennoch den im Modell berechneten Winkel.

Beim Einsatz eines bewegten Fahrsimulators kommt ein Motion-Cueing Modul zum Einsatz, das das Bewegungssystem entsprechend seiner Beschränkungen ansteuert. Das Motion-Cueing Modul verarbeitet die in der Fahrdynamiksimulation berechnete Bewegung des Fahrzeugaufbaus und ergänzend weitere Informationen über Fahrbahnverlauf und Umgebung. Der Einsatz des Motion-Cueings ist nötig, da das EGO-Fahrzeug sich im virtuellen Fahrszenario auf einer wesentlich größeren Fläche bewegt, als Bewegungsraum am Stuttgarter Fahrsimulator zur Verfügung steht. Ein 1:1 Bewegungswiedergabe ist also technisch an einer solchen Simulationsanlage im Allgemeinen nicht möglich. Ein menschlicher Insasse nimmt Bewegung im Wesentlichen über die Beschleunigungen in den sechs Raumrichtungen vestibulär wahr. Geschwindigkeiten können optisch oder sekundär beispielsweise auditiv wahrgenommen werden. Die vestibuläre Wahrnehmungsfähigkeit unterliegt weiterhin bestimmten Wahrnehmungsschwellen. Motion-Cueing Algorithmen berücksichtigen diese Schwellen bei der Verarbeitung der Fahrzeugbeschleunigungen. Diese werden nur so unwesentlich verändert, dass ein realistischer Fahreindruck erhalten bleibt, gleichzeitig aber eine für das Bewegungssystem realisierbare Bewegungsform resultiert.

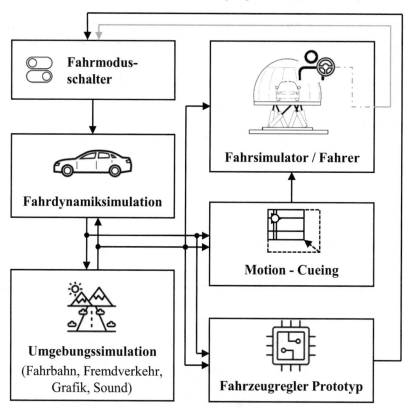

Abbildung 2.2: Fahrsimulator Systemübersicht

Tilt-Coordination ist dabei ein verbreiteter Ansatz, der auch im hier verwendeten Motion-Cueing eingesetzt wird. Dabei wird die Gravitation der Erde genutzt um horizontale Beschleunigungen darzustellen. Die Simulator-Kuppel wird dazu gegenüber der Horizontalen geneigt, anstatt die Kuppel horizontal in der Halle zu beschleunigen. Dabei bleiben die Minderung der Gravitation in vertikaler Richtung und die zusätzlich erzeugte Drehbeschleunigung beim Neigen der Kuppel unterhalb der menschlichen Wahrnehmungsschwellen. Auf diese Weise können auch langanhaltende Beschleunigungen wie z.b. in Querrichtung bei Kurvenfahrt wiedergegeben werden. Kurzzeitige Beschleunigungen, wie die Querbeschleunigung durch einen Spurwechsel gibt das Motion-Cueing in originaler Raumrichtung über den x-y-Schlitten wieder. [94–96]

Der Prüfstand wird im Rahmen dieser Arbeit als Werkzeug zur Bewertung des Fahrkomforts bei automatisierter Fahrt verwendet. Im Gegensatz zu ebenfalls theoretisch möglichen Tests mit einem echten Fahrzeug auf der Straße bietet der Einsatz des Prüfstands folgende Vorteile [9, 92, 94, 97]:

- absolut reproduzierbare Bedingungen (wie z.b. Wetter und Verkehrssituation),
- keine Absicherung des prototypischen Fahrzeugführungssystems nötig,
- schnelle Applikation der Testparameter in Vorstudien mit Fahrdynamikexperten.

2.5 Koordinatensysteme

In diesem Kapitel werden die beiden Koordinatensysteme eingeführt, auf die sich die Größen in den folgenden Ausführungen, sofern nicht anders vermerkt, beziehen. Zum Einsatz kommen das DIN ISO Fahrzeugkoordinatensystem und ein fahrbahnbezogenes Achsensystem.

Das DIN ISO Fahrdynamik-Koordinatensystem ist in [59] definiert. Es handelt sich um ein am Fahrzeugaufbau fixiertes Rechtssystem. Die x-Achse zeigt in Längsrichtung des Fahrzeugs mit positiver Richtung zur Fahrzeugfront. Die y-Achse positiv nach links und die z-Achse positiv nach oben. Der Schwimmwinkel β ist als Winkel der Fahrzeuggeschwindigkeit zur X-Achse des horizontierten Systems definiert. Der Gierwinkel ψ ist der Winkel um die Z-Achse zwischen umgebungsfestem System und fahrzeugfestem, horizontierten System [59]. Dieses Fahrzeugkoordinatensystem wird zur Angabe der Bewegungsgrößen in den Kap. 3 und 4 genutzt. Dabei wird die Variante mit Ursprung im Schwerpunkt verwendet.

Neben dem System zur Beschreibung des Fahrzustands wird ein fahrbahnbezogenes Achsensystem zur Beschreibung von Fahrbahnen und Fahrspurwechseltrajektorien verwendet [98, 99]. **Abbildung 2.3** zeigt die Ausrichtung dieses Frenet-Achsensystems beispielhaft an einer Rechtskurve. Besonderes Kennzeichen des Systems ist der gekrümmte Verlauf der s-Achse tangential zur Fahrbahnreferenzlinie, positiv in Hauptfahrtrichtung. Die Fahrbahnreferenzlinie liegt in den folgenden Ausführungen, wie auch im abgebildeten Beispiel in der Mitte der rechten Hauptfahrspur. Die zur s-Achse im rechten Winkel stehende t-Achse steht in radialer Richtung zur Fahrbahn, positiv nach links bezüglich der Fahrtrichtung. Mithilfe dieses Achsensystems ist es möglich, den Verlauf einer Fahrbahn bzw. deren Referenzlinie als Krümmungsverlauf in Abhängigkeit des Wegs s zu beschreiben:

$$K(s) = \frac{1}{R(s)}.$$ Gl. 2.1

Die Krümmung ist dabei der Kehrwert des an der jeweiligen Stelle vorliegenden Radius R der Referenzlinie. Weitere Fahrbahnobjekte, wie Fahrspurbreiten und Markierungslinien können danach einfach über einen Verlauf $t(s)$ definiert werden.

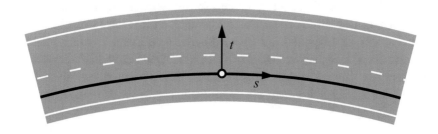

Abbildung 2.3: Fahrbahn-Achsensystem t(s)

Das Fahrbahn-Achsensystem wird neben der Beschreibung von Fahrbahnen in der Fahrsimulation auch zur Beschreibung der unterschiedlichen Fahrspurwechseltrajektorien in Kap. 3.2.1 genutzt. Diese Solltrajektorien werden ebenfalls als Verlauf $t(s)$ definiert, dessen Ableitung bildet den Trajektorienwinkel mit Bezug zur Fahrbahnreferenz: $v(s) = \frac{dt(s)}{ds}$. Der Winkel der Fahr-

bahnreferenzlinie ist abweichend dazu als $v_{road}(s) = \int K\, ds$ definiert, sodass die die Summe von Fahrbahn- und Trajektorienwinkel den globalen
Winkel der Solltrajektorie im umgebungsfesten System bildet.

2.6 Statistische Methoden

Nachdem in den vorhergehenden Kapiteln die Grundlagen zur technischen
Realisierung der Probandenstudien dargelegt worden sind, führt dieses Kapitel die verwendeten statistischen Methoden zur Datenanalyse ein. Es kommen die Varianzanalyse und der Pearson Korrelationskoeffizient zum Einsatz. Eine Varianzanalyse gibt Auskunft darüber, ob in den erhobenen Antworten einer Probandenstudie (abhängige Variablen) Unterschiede (Varianz)
vorhanden sind, die nicht zufällig, sondern aufgrund der gesetzten Stimuli
(Faktoren) entstanden sind. Die Varianzanalyse zeigt dabei nur an, mit welchem Signifikanzniveau sich die Mittelwerte der Antwortvariablen bei mindestens einer Faktorstufe unterscheiden, nicht jedoch für welche Faktorstufe
dies der Fall ist. Mittels gruppierter Verteilungsdarstellungen kann analysiert
werden, zwischen welchen Faktorstufen dieser Unterschied besteht. Der
Pearson Korrelationskoeffizient wird dazu genutzt, die Stärke des gefundenen Effekts zu quantifizieren sowie dahinterliegende Zusammenhänge zu
analysieren. Dabei werden die Antwortvariablen nicht mit Faktorstufengruppen sondern mit Objektivkriterien korreliert. Diese Kriterien beschreiben die
untersuchten technischen Aspekte (z.B. den Querbeschleunigungsverlauf)
genauer als die Faktorstufenzugehörigkeit. Die Korrelationsanalyse liefert
neben der Effektstärke auch ein Signifikanzniveau zu dem jeweiligen Zusammenhang.

Grundgedanke jedes empirischen Tests ist es, die Nullhypothese H_0 mit einer
gewissen Sicherheit (Spezifität) abzulehnen und die Alternativhypothese H_1
mit einer Wahrscheinlichkeit (Sensitivität) anzunehmen. Dabei sagt die Nullhypothese aus, dass kein signifikanter Unterschied zwischen den Gruppen-
mittelwerten μ der Antwortvariable in den k Gruppen der Faktorstufen existiert. Dagegen sagt die Alternativhypothese H_1 aus, dass sich mindestens
zwei der Gruppenmittelwerte signifikant voneinander unterscheiden. [100–
102]

$$H_0: \mu_1 = \mu_2 = \mu_3 = \cdots = \mu_k \qquad \qquad \text{Gl. 2.2}$$

Die Wahl des Signifikanzniveaus α in der Datenanalyse ist dabei essentiell. Dieses Niveau gibt die Wahrscheinlichkeit an, einen Fehler erster Art zu begehen und aufgrund der durchgeführten Studie eine Entscheidung für die Alternativhypothese zu treffen, obwohl die Nullhypothese wahr ist. Ein Fehler erster Art ist wissenschaftlich gesehen besonders kritisch, da folgende Forschungsarbeiten den ermittelten Zusammenhang ggf. als Voraussetzung nutzen und darauf aufbauen. Allgemein wird daher ein Signifikanzniveau von $\alpha = 0.05$ für nicht besonders kritische Untersuchungen verlangt. Ein Fehler zweiter Art ist das Beibehalten der Nullhypothese obwohl die Alternativhypothese wahr ist. Dieser Fehler tritt mit der Wahrscheinlichkeit β ein. In diesem Fall wird als Ergebnis die Aussage getroffen, dass sich mit der verwendeten Testmethode ein Zusammenhang nicht ermitteln ließ, aber nicht auszuschließen ist. Auf ein solches Ergebnis wird selten direkt aufgebaut und der Fehler zweiter Art ist daher weniger folgenschwer. In **Tabelle 2.4** sind die möglichen Ergebnisse eines empirischen Tests mit den jeweiligen Eintrittswahrscheinlichkeiten p dargestellt. Die Spezifität eines Tests ist dabei die Sicherheit, die Nullhypothese beizubehalten, wenn diese wahr ist. Die Sensitivität (Power) des Tests ist die Wahrscheinlichkeit, dass der Test ein signifikantes Ergebnis liefert, wenn die Alternativhypothese wahr ist. [100–103]

Tabelle 2.4: Methodische Fehler bei empirischen Tests

Entscheidung \ Wahrheit	H_0	H_1
H_0	Richtige Entscheidung Spezifität $p = 1 - \alpha$	Fehler 2. Art $p = \beta$
H_1	Fehler 1. Art $p = \alpha$	Richtige Entscheidung Sensitivität $p = 1 - \beta$

Je größer α oder β gewählt werden, desto größer muss die dem Test unterzogene Stichprobe sein, um die jeweils andere Sicherheit beizubehalten. Groß gewählte Sicherheiten bedeuten in der Versuchsplanung also einen erhöhten Aufwand, der schnell eine unangemessene Größenordnung für eine bestimmte Fragestellung erreichen kann.

Das Funktionsprinzip der Varianzanalyse wird folgend am Beispiel einer einfaktoriellen, univariaten Varianzanalyse vorgestellt. Dies ist der einfachste Fall, bei dem ein Faktor in mehreren Stufen variiert und eine Antwortvariable in der Studie erfasst wird. In Kap. 4 werden neben dieser Analyse auch multifaktorielle, multivariate Varianzanalysen angewendet, die eine Erweiterung des hier vorgestellten Falls sind. Das grundlegende Funktionsprinzip ist dabei identisch. Zunächst müssen die Daten für eine Varianzanalyse folgenden Voraussetzungen genügen, damit das Ergebnis vertrauenswürdig ist:

- abhängige Variablen müssen intervallskaliert sein,
- die Messwerte müssen unabhängig voneinander sein,
- die abhängigen Variablen müssen in allen Faktorstufengruppen normalverteilt sein,
- die Varianzen innerhalb der Gruppen müssen homogen sein,
- bei multivariaten Varianzanalysen müssen die abhängigen Variablen paarweise in allen Gruppen eine Korrelation, aber keine Multikolinearität aufweisen.

Sind die Voraussetzungen erfüllt, wird die totale Summe der Abweichungsquadrate SS_t aller Messwerte y_{kn} vom Gesamtmittelwert $\bar{y}$ nach Gl. 2.3 berechnet. Dabei ist:

- y_{kn} ein einzelner Messwert (abhängige Variable) in der Faktorstufengruppe k,
- $\bar{y}$ der Gesamtmittelwert und $\bar{y}_k$ der Mittelwert in der Gruppe k,
- K die Gesamtzahl der Faktorstufen,
- N die Gesamtstichprobenzahl (Anzahl der Messwerte),
- N_k die Stichprobenzahl in der Gruppe k.

$$SS_t = \sum_{k=1}^{K} \sum_{n=1}^{N_k} (y_{kn} - \bar{y})^2 = SS_b + SS_w \qquad \text{Gl. 2.3}$$

Die absolute Summe der Abweichungsquadrate SS_t lässt sich in die Summe der Abweichungsquadrate zwischen den Faktorstufengruppen SS_b und die Summe der Abweichungsquadrate innerhalb der Faktorstufengruppen SS_w aufteilen, die sich nach Gl. 2.4 und Gl. 2.5 berechnen lassen.

$$SS_b = \sum_{k=1}^{K} N_k \cdot (y_k - \bar{y})^2 \qquad \text{Gl. 2.4}$$

$$SS_w = \sum_{k=1}^{K} \sum_{n=1}^{N_k} (y_{kn} - \bar{y}_k)^2 \qquad \text{Gl. 2.5}$$

Zu den Abweichungsquadraten werden die jeweiligen Freiheitsgrade nach Gl. 2.6 und damit die mittleren Abweichungsquadrate nach Gl. 2.7 ermittelt.

$$df_t = N - 1 \mid df_b = K - 1 \mid df_w = N - k \qquad \text{Gl. 2.6}$$

$$MS_t = \frac{SS_t}{df_t} \quad \Big| \quad MS_b = \frac{SS_b}{df_b} \quad \Big| \quad MS_w = \frac{SS_w}{df_w} \qquad \text{Gl. 2.7}$$

Bezieht man nun das mittlere Abweichungsquadrat zwischen den Gruppen MS_b auf das innerhalb der Gruppen MS_w (s. Gl. 2.8), erhält man den F-Wert. Er gibt das Verhältnis zwischen der auf den variierten Faktor zurückzuführenden Varianz und der Fehlervarianz im Ergebnis an. Die Fehlervarianz ist dabei die allgemeine natürliche Streuung der Ergebnisse.

$$F(df_b, df_w) = \frac{MS_b}{MS_w}$$ Gl. 2.8

Mittels Verteilungstabellen kann für ein gegebenes Signifikanzniveau α und gegebene Freiheitsgrade df_b und df_w ein kritischer Wert F_{krit} ermittelt werden. Ist das in der Varianzanalyse ermittelte $F > F_{krit}$, dann ist das Signifikanzniveau α in der Varianzanalyse erreicht worden und damit nachgewiesen, dass der untersuchte Faktor einen Einfluss auf die erfasste abhängige Variable hat. [100–103]

Nachdem mittels Varianzanalyse festgestellt werden kann, welche Faktoren einen signifikanten Einfluss auf das Versuchsergebnis haben, wird der Pearson Korrelationskoeffizient $r \in [-1..1]$ zur Bestimmung der Effektstärke und -richtung genutzt. Der Korrelationskoeffizient gibt den Grad des linearen Zusammenhangs zwischen zwei mindestens intervallskalierten Variablen x und y an:

$$r(x, y) = \frac{1}{N-1} \cdot \sum_{i=1}^{N} \left(\frac{x_i - \mu_x}{\sigma_x} \right) \cdot \left(\frac{y_i - \mu_y}{\sigma_y} \right).$$ Gl. 2.9

Dabei ist:

- N die Anzahl von Wertpaaren (x, y),
- μ_x bzw. μ_y die Mittelwerte von x bzw. y,
- σ_x bzw. σ_y die Standartabweichung von x bzw. y.

Ein Wert von $r = -1$ bzw. $+1$ bedeutet einen idealen negativen bzw. positiven linearen Zusammenhang. Nimmt der Koeffizient den Wert 0 an, besteht kein linearer Zusammenhang. Analog zur Varianzanalyse wird bei der Berechnung bzw. zur Interpretation des Korrelationskoeffizienten ebenfalls das Erreichen eines Signifikanzniveaus verlangt. Die Signifikanz einer Korrelation p wird in der Datenauswertung mittels t-Test berechnet. Für $p < \alpha$ (= 0.05) ist die Korrelation signifikant und die Wahrscheinlichkeit für einen Fehler erster Art ist kleiner als α. Die Interpretation des Korrelationskoeffizienten bezüglich der ermittelten Effektstärke hängt von der Art der analysierten Daten ab. Bei psychologischen Untersuchungen, ähnlich der hier vorgestellten Probandenstudien, gelten Koeffizienten mit $|r| > [0,1 \dots 0,3 \dots 0,5]$ als kleine, moderate und starke Effekte [104]. Weiterhin kann das Quadrat des Koeffizienten, auch Bestimmtheitsmaß genannt, interpretiert werden. Es gibt den Anteil an, zu dem die Varianz σ^2 auf den Effekt zurückgeht.

3 Evaluationsmethode zum Insassenkomfort

Hochautomatisierte Fahrfunktionen halten schrittweise Einzug in Serien-PKW [4, 19, 23]. Die Möglichkeit, den Blick und die Aufmerksamkeit vom Verkehrsgeschehen hin zu fahrfremden Tätigkeiten zu verlagern, wird als ein wesentlicher Gewinn gesehen. Damit einhergehend fällt die Rückmeldung über den Fahrzustand des Fahrzeugs teilweise weg, da der Fahrer z.b. kein Lenkmoment mehr spürt, oder das Verkehrsgeschehen nur noch im peripheren Blickfeld wahrnimmt. Damit ändern sich auch die Mechanismen zur subjektiven Fahrtwahrnehmung. Der aktuelle Stand der Technik bzw. Forschung zum Komfort bei automatisierten Fahrspurwechseln ist in Kap. 2 dargestellt. Um diesen Stand zu erweitern, werden im folgenden Unterkapitel 3.1 auf dieser Basis die Forschungsfragen der vorliegenden Arbeit abgeleitet.

Zur Beantwortung der Forschungsfragen werden Probandenstudien durchgeführt. Der Stuttgarter Fahrsimulator dient als Werkzeug für die Durchführung der Studien (siehe Kap. 2.4). Um eine hochautomatisierte Autobahnfahrt in der Fahrsimulation abzubilden, wird ein prototypischer Fahrzeugregler in dessen Co-Simulation integriert. Dieses System simuliert eine SAE Level 4 Automation und führt automatisch Fahrspurwechsel in unterschiedlichen Ausprägungen aus. Die Auslegung und Implementierung sind in Kap. 3.2 beschrieben.

Die weiteren Faktoren, welche die Fahrsimulation im Versuch definieren, sind in Kap. 3.3 beschrieben. Dabei wird vor allem das verwendete Fahrzeug, der Fahrbahnverlauf und der zu überholende Fremdverkehr definiert.

Das Studiendesign und die konkrete Wahl der Stimuli mit ihren Faktorstufen (z.B. die Parameter des Spurwechselverhaltens) sind essentiell, um belastbare Ergebnisse zu erhalten. Die Wahl von Stimuli, Probandenstichprobe, Varianten-Randomisierung und die Methode zur Aufnahme der Subjektivbewertungen sind in Kap. 3.4 beschrieben.

© Der/die Autor(en), exklusiv lizenziert an
Springer Fachmedien Wiesbaden GmbH, ein Teil von Springer Nature 2024
C. J. Heimsath, *Insassenkomfort bei hochautomatisierten Fahrspurwechseln*,
Wissenschaftliche Reihe Fahrzeugtechnik Universität Stuttgart,
https://doi.org/10.1007/978-3-658-44210-1_3

3.1 Fragestellung und Hypothesen

Das Fahrverhalten automatisierter Fahrspurwechselfunktionen lässt sich mit einer Vielzahl von Parametern beschreiben. In Probandenstudien wird bestimmt, welchen Einfluss einzelne Parameter auf den Komfort haben. Bisher existieren zu automatisierten Fahrspurwechseln ausschließlich Studien, die Fahrsituationen auf geraden Fahrbahnabschnitten betrachten. Bei Fahrsituationen in Kurven liegt durch die Zentripetalkraft eine konstante Querbeschleunigung vor. Diese wird mit der transienten Beschleunigung durch den Fahrspurwechsel überlagert. Weiterhin treten in Kurven beim Einsatz einer klassischen Vorderachslenkung höhere Schwimmwinkel und eine überlagerte Gierbewegung auf. Die Auswirkungen dieser Effekte auf den Komfort sind nicht vorherzusagen und wurden bisher in Studien nicht erfasst.

Alle Studien legen eine möglichst geringe Dynamikausprägung zur Komfortsteigerung nahe. Je geringer die Dynamik, desto länger dauert ein Manöver und desto mehr Verkehrsraum wird unter Einhaltung der Abstandsregeln dafür benötigt. Mit stetig zunehmender Verkehrsdichte [105] werden Verkehrssituationen seltener, bei denen beliebig viel Platz für einen Fahrspurwechsle zur Verfügung steht. Neben Möglichkeiten zur technischen Optimierung der Taktik und des Manöver-Timings [106, 107] kann die Reduzierung des Zeit und Raumbedarfs für das Manöver einen wertvollen Beitrag leisten.

Eine hohe Verfügbarkeit der Fahrfunktion ist ein wesentlicher Faktor zur Akzeptanz [19]. Dies bezieht sich sowohl auf teilautomatisierte Funktionen bis Level 2 als auch auf hochautomatisierte Funktionen ab Level 3. Dabei bedeutet eine niedrige Verfügbarkeit bei teilautomatisierten Funktionen häufig, dass die Funktion nicht aktiviert werden kann, obwohl der Fahrer dies erwartet. Bei hochautomatisierten Funktionen nach Level 3 kann dies eine Aufforderung zur Übernahme der Fahraufgabe bedeuten. Beides mindert mit steigender Häufigkeit den Komfort und die Akzeptanz des System.

Bezüglich der verwendeten Trajektorien zum Fahrspurwechsel haben sich asymmetrische Ausprägungen mit höherer Dynamik zu Beginn als komfortsteigernd erwiesen. Der Beginn des Fahrspurwechsels soll gut wahrnehmbar sein, gleichzeitig wird eine möglichst geringe Querbeschleunigung zur Komfortsteigerung empfohlen. In Kombination mit einer gekrümmten Fahrbahn könnte dieser Zusammenhang beim Fahrspurwechsel nach Kurveninnen anders sein. Weiterhin ist bei asymmetrischen Trajektorien nicht bekannt, welcher Teil des Fahrspurwechsels zu einem besonders positiven oder negativen Komfortempfinden führt.

Eine erste Studie zum Einsatz einer Hinterachs- bzw. Allrad-Lenkung bei automatisierten Fahrspurwechseln zeigt, dass damit Kinetose-Symptome bei hoher Spurwechseldynamik reduziert werden können. In der Studie haben die Probanden eine fahrfremde Tätigkeit ausgeübt. Ein Einfluss auf den empfundenen Komfort und eine Wechselwirkung mit der Tätigkeit ist zu vermuten. Weitere Studien zu diesem Zusammenhang konnten nicht gefunden werden.

Weitere Fragestellungen ergeben sich aus der jeweils sehr isolierten Betrachtung einzelner Faktoren in den erfolgten Studien. Zwei Faktoren von denen potentiell Wechselwirkungen ausgehen sind die Fahrgeschwindigkeit und das Störungsniveau. Störungen können beispielsweise durch eine unebene Fahrbahn oder Windanregung induziert werden und führen zu Bewegungen oder Geräuschen und damit zu einer Maskierung von komfortrelevanten Effekten. Dies bleibt ebenfalls in bisherigen Studien unberücksichtigt. Die Maskierung kann gerade bei Studien in Fahrsimulatoren weiteren Aufschluss über die Größenordnung gefundener Effekte geben. Ohne oder mit unrealistisch geringer Störung können in Fahrsimulatoren Effekte evaluiert werden, die sich im realen Fahrversuch ggf. nicht nachweisen lassen.

Aus dieser Zusammenfassung der aktuellen Kenntnis und den aufgeworfenen weitergehenden Fragestellungen werden die Forschungsfragen dieser Arbeit abgeleitet. Das Ziel ist die stetige Verbesserung des Insassenkomforts beim automatisierten Fahrspurwechsel. Es wird eine Erweiterung des aktuellen Stands zur Komfort-Objektivierung mithilfe von Studien am Stuttgarter Fahrsimulator angestrebt. Die erläuterten Restriktionen bezüglich einer hohen Funktionsverfügbarkeit und Verkehrseffizienz werden berücksichtigt. Dazu wird der Zeit bzw. Raumbedarf für einen Fahrspurwechsel auf ein realistisches Maß begrenzt und in den Untersuchungen konstant gehalten. So kann das Optimierungspotential innerhalb dieser Grenzen ermittelt werden.

Im Folgenden wird eine Erprobungsmethode entwickelt, die es ermöglicht, den Einfluss und die Wechselwirkung folgender Faktoren zu ermitteln:

- S1 – Spurwechseltrajektorie (insbesondere deren Asymmetrie)
- S2 – Lenkungsmodus (Vorderachs- / gleichsinnige Allradlenkung)
- S3 – Blickrichtung (Simulation einer Nebentätigkeit)
- S4 – Fahrgeschwindigkeit
- S5 – Fahrbahnkrümmung
- S6 – Störungsanregung.

Asymmetrische Trajektorien lassen eine Wechselwirkung mit richtungs-abhängigen Faktoren, wie der Spurwechsel- und Kurvenrichtung auf das Komfortempfinden erwarten. Folgend wird daher eine neuartige Applika-tionsstrategie für asymmetrische Trajektorien in Kurven entwickelt und er-probt. Es wird im Vergleich zu einer symmetrischen Trajektorie ein verbes-sertes Komfortempfinden erwartet. Ein verbesserter Komfort wird auch von der neu entwickelten Strategie zur achsindividuellen Allradlenkung durch die Reduzierung der Gierbewegung erwartet. Die technische Implementierung dieser beiden Innovationen ist Kap. 3.1, die genaue Parametrierung der Funktionen bei Erprobung in den Studien ist Kap. 3.4.2 zu entnehmen.

Charakteristische Fahrstileigenschaften lassen sich je nach Faktorkombina-tion im Anfangs- oder Endteil eines Fahrspurwechsels finden. Die Erfassung der subjektiven Komfortbewertung wird daher für den Anfangs- und Endteil eines Spurwechsels getrennt erfasst. Damit ist es möglich, eine detailliertere Aussage über die Auswirkungen einzelner Faktoren zu treffen. Insbesondere wird ausgewertet, ob sich die Zuordnung einer Charakteristik zu einem der beiden Teile auch in der Subjektivbewertung feststellen lässt. Die genaue Fragestellung bei der Bewertungserhebung kann einen wesentlichen Einfluss auf das Ergebnis haben. Aus den in Kap. 2 vorgestellten Studien kann keine einheitlich etablierte Befragungsweise abgeleitet werden. In der klassischen Bewertung von Fahrdynamik und -komfort sind Fragen und Skalen etabliert, die sich eher für die Bewertung durch Fahrzeugexperten eignen. Aufgrund der vielen Faktoren, die hier zur Beantwortung der Forschungsfragen variiert werden sollen, muss eine hohe Stichprobenanzahl mit angemessenem Auf-wand erhoben werden können. Daher wird in den hier durchgeführten Stu-dien mit einer einzigen, umfassenden Frage nach dem „persönlichen Kom-fort- und Sicherheitsempfinden" gearbeitet.

3.2 Prototypisches Fahrzeugführungssystem

Die vorliegende Arbeit untersucht den Fahrkomfort von hochautomatisierten Autobahnspurwechseln am Stuttgarter Fahrsimulator. Um eine hochautomatisierte Fahrt darstellen zu können, wird ein prototypisches Assistenzsystem in die Fahrsimulation integriert. Das verwendete Simulationsszenario ist eine Fahrt auf einer zweispurigen Autobahn. Auf der rechten Spur erscheinen immer wieder langsamere Fahrzeugkolonnen, die vom EGO-Fahrzeug automatisch überholt werden. Jedes Überholmanöver enthält zwei Spurwechsel, die vom prototypischen Fahrzeugregler unterschiedlich ausgeführt werden können und nach jedem Spurwechsel von den Probanden hinsichtlich ihres Komforts bewertet werden. Das System führt das virtuelle Fahrzeug während der hochautomatisierten Autobahnfahrt nach SAE Level 4. Es ist in diesem Fall kein Fahrereingriff notwendig oder möglich. Das System besteht aus einem Längsregler und einem Querregler mit Planungsmodul für die Spurwechseltrajektorien. **Abbildung 3.1** zeigt den Aufbau der Reglerstruktur und deren Integration in die Simulationsinfrastruktur.

Der Längsregler besitzt eine kaskadierte Struktur und ist in zwei Ebenen (High-Level und Low-Level) unterteilt. Die erste Ebene berechnet eine Sollbeschleunigung $a_{x,\text{ref}}$, die von der zweiten Ebene über die Stellgrößen Fahrpedal- und Bremspedalstellung $p_{G,B}$ eingeregelt wird. Das entspricht einem üblichen Aufbau und Funktionsumfang wie er in Abstandregeltempomaten zum Einsatz kommt [108, 109]. Der Fahrmodus kann von außen vorgegeben werden und bestimmt, ob einem vorausfahrenden Fahrzeug mit bestimmtem Abstand gefolgt wird, oder eine Zielgeschwindigkeit eingeregelt und vorausfahrende Fahrzeuge überholt werden. Die Zielgeschwindigkeit v_{ref} wird ebenfalls von außen vorgegeben. Die High-Level Ebene ist als P-Regler mit Logik zur Unterscheidung der Betriebsmodi ausgeführt. Dabei wird entweder die Differenz zur Zielgeschwindigkeit oder der Abstand bzw. die Differenzgeschwindigkeit zum vorausfahrenden Fahrzeug als Regelgröße verwendet. Der grundlegende Aufbau dieser Komponente wurde einem Beispiel aus [109] entnommen. Die Low-Level Ebene enthält eine parallele Feed-Forward und Feed-Back Struktur, basierend auf [108]. Ergänzt wird eine übergeordnete Hysterese, die zwischen Fahrpedal- und Bremspedalbetätigung umschaltet, um sowohl eine zeitgleiche Betätigung, als auch einen schnellen Wechsel zwischen der Betätigung von Fahr- und Bremspedal zu vermeiden. Der Feed-Forward Teil des Low-Level Reglers enthält ein allgemeines Modell der

Fahrwiederstände und des Antriebs- und Bremssystems. Das Feed-Back ist als PID-Regler ausgeführt und verwendet die Differenz zwischen Sollbeschleunigung $a_{x,\mathrm{ref}}$ und aktueller Längsbeschleunigung a_x als Regelgröße.

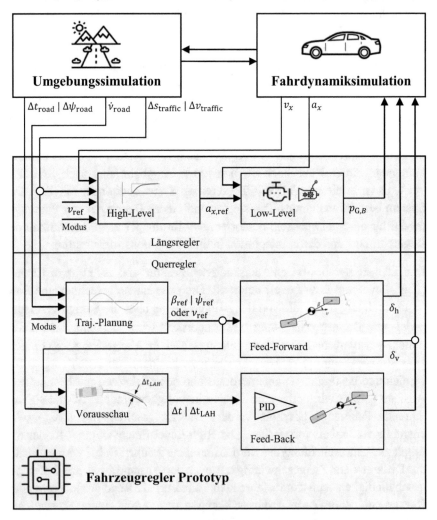

Abbildung 3.1: Übersicht prototypischer Fahrzeugregler

Die im Low-Level Längsregler benötigten Modellparameter werden aus dem Modell des verwendeten EGO-Fahrzeugs (Regelstrecke) abgeleitet. Die Parameter im High-Level Modul bestimmen fahrzeugunabhängig das Fahrverhalten und werden in Vorstudien mit Fahrdynamikexperten appliziert. Da in dieser Arbeit das querdynamische Verhalten während der hochautomatisierten Fahrspurwechsel beurteilt wird, kommt dem Regler eine untergeordnete Rolle zu. Er wird hier verwendet, um eine konstante Fahrgeschwindigkeit einzuregeln. Fahrszenario und Reglerparametersatz werden so gewählt, dass alle Fremdverkehrsfahrzeuge überholt werden, ohne dass die Fahrgeschwindigkeit durch den Längsregler angepasst wird.

Der Querregler übernimmt in dieser Arbeit eine wesentlichere Rolle, da er die in den Probandenstudien gesetzten Stimuli stellt. Die Grundstruktur des Reglers basiert auf [42] und wurde dem Anwendungszweck entsprechend erweitert. **Abbildung 3.1** zeigt den grundlegenden Aufbau der Struktur. Die Implementierung, die in der ersten von beiden hier beschriebenen Probandenstudien verwendet wird, wird zuvor in [110] eingeführt. Der Querregler hält das simulierte EGO-Fahrzeug auf der Mittellinie der entsprechenden Fahrspur. Langsamere vorausfahrende Fahrzeuge werden automatisch unter Einhaltung der in Deutschland vorgeschriebenen Abstände [111] überholt. Dazu wechselt der Querregler auf die linke Fahrspur. Die dabei verwendeten Spurwechseltrajektorien werden von einem Planungsmodul lokal dem Fahrbahnverlauf überlagert. Das Planungsmodul kann die Trajektorien in ihrer Dynamik gezielt unterschiedlich gestalten. Dabei können symmetrische und asymmetrische Formen verwendet werden. Neben der Trajektorie, die die horizontale Bewegungsbahn des Fahrzeugschwerpunkts beschreibt, kann auch die Methode, diese Bahn zu verfolgen, variiert werden. Dazu unterscheidet das Planungsmodul verschiedene Lenkungsmodi und nutzt die Freiheitsgrade Schwimmen und Gieren unabhängig voneinander. Die so entstehende Solltrajektorie wird vom Folgeregler mittels unabhängiger Vorder- und Hinterachslenkwinkel eingeregelt. Der Folgeregler setzt sich aus einem Vorausschaumodul und parallelen Feed-Forward und Feed-Back Pfaden zusammen. Im Folgenden werden die Arbeitsweisen dieser Module detailliert beschrieben. Die unterschiedlichen Trajektorien und Lenkungsmodi werden in den Probandenstudien als Stimuli genutzt.

3.2.1 Querregler – Spurwechseltrajektorienplanung

Das Planungsmodul basiert auf einem sog. Zustandsautomaten. In diesem Automaten ist die Entscheidungsfindung abgebildet, welches Fahrmanöver ausgeführt wird, wenn sich das EGO-Fahrzeug einem langsameren vorausfahrenden Fahrzeug annähert. Grundsätzlich kann das prototypische Assistenzsystem den Fremdverkehr überholen oder ihm folgen. Besteht die Möglichkeit zum Überholen auf der linken Fahrspur und ist die Geschwindigkeitsdifferenz zwischen eingestellter Zielgeschwindigkeit und der Fahrgeschwindigkeit des Vorausfahrenden größer als der parametrierte Minimalwert, wird ein Überholmanöver ausgeführt. Dabei wird zunächst der Abstand zum Vorausfahrenden soweit reduziert, dass das Spurwechselmanöver auf die linke Fahrspur noch vor Unterschreiten des gesetzlich vorgeschriebenen Mindestabstands abgeschlossen werden kann. Danach wird eine Spurwechseltrajektorie für die vorliegende Fahrsituation einmalig geplant und dann abgefahren. Die verwendeten Trajektorienparameter werden manöverindividuell dem Versuchsplan (s. Kap. 3.4.2) entnommen. Ein oder mehrere Fahrzeuge werden überholt. Sobald die Abstände auf der rechten Spur es zulassen, wird ein Spurwechsel zurück auf die rechte Fahrspur geplant und durchgeführt. Die verwendeten Trajektorien beruhen auf analytischen mathematischen Beschreibungen. Es kommen eine symmetrische Form sowie mehrere asymmetrische Varianten zum Einsatz. Die symmetrische Form basiert auf den Ausführungen in [42], die asymmetrische Beschreibung ist [41] entnommen. Die konkrete Applikation dieser mathematischen Beschreibungen ist bereits in [112] beschrieben und wird folgend zur Vollständigkeit wiedergegeben. Die genaue Parametrierung, wie sie in den Probandenstudien verwendet wird, ist Kap. 3.4.2 zu entnehmen.

Beide Trajektorien sind als laterale Distanz $t(s)$ in Abhängigkeit vom zurückgelegten Weg s definiert. Der vorausliegende Fahrbahnverlauf steht am Eingang des Planungsmoduls als Krümmungsverlauf mit ausreichendem Vorausschauhorizont zur Verfügung. Die Superpositionierung der Spurwechseltrajektorien auf den Fahrbahnverlauf erfolgt auf Krümmungsbasis. Die kartesischen Wegkoordinaten der Trajektorienbeschreibung werden also entlang der Fahrbahnreferenzlinie projiziert.

Die symmetrische Trajektorie nach [42] beschreibt mit einem Polynom siebten Grades die laterale Distanz $t(s) \in [0 .. t_e]$ in Abhängigkeit vom zurückgelegten Weg $s \in [0 .. s_e]$. Da das in Gl. 3.1 beschriebene Polynom keine $s^{0..3}$ Terme enthält, sind die Initialbedingungen implizit gegeben als: $t(0) = \dot{t}(0) = \ddot{t}(0) = \dddot{t}(0) = 0$.

$$t(s) = t_e \cdot \left[a_7 \cdot \left(\frac{s}{s_e}\right)^7 + a_6 \cdot \left(\frac{s}{s_e}\right)^6 + a_5 \cdot \left(\frac{s}{s_e}\right)^5 + a_4 \cdot \left(\frac{s}{s_e}\right)^4 \right]$$ Gl. 3.1

Mit entsprechend symmetrisch definierten Randbedingungen für den End-punkt s_e, wie in Gl. 3.2 dargestellt, lassen sich die Parameter $a_{4..7}$ allgemein bestimmen.

$$t(s_e) = t_e \mid \dot{t}(s_e) = 0 \mid \ddot{t}(s_e) = 0 \mid \dddot{t}(s_e) = 0$$ Gl. 3.2

Die verbleibenden Parameter s_e und t_e werden online im Planungsschritt entsprechend der vorliegenden Fahrsituation angepasst. t_e wird dabei als die Distanz zwischen den Mittellinien der beiden Fahrspuren gesetzt. Die ge-wünschte Dynamik wird als Spurwechseldauer vorgegeben und mit der aktu-ellen Fahrgeschwindigkeit multipliziert wodurch der Weg s_e berechnet wird. Damit ist Gl. 3.1 vollständig bestimmt und beschreibt die Trajektorie zum Spurwechsel. Die Spurwechseltrajektorie wird dem Fahrbahnverlauf an ent-sprechender Stelle überlagert und bildet so die zu verfolgende Bahnkurve.

Die asymmetrischen Trajektorien bestehen aus zwei Teilen. Teil A hat, ver-glichen mit Teil B, eine höhere Dynamik. Er enthält das betragsmäßige Trajektorien-Maximum für die Querbeschleunigung und größere Änderungs-raten. Bei konstanter Kurvenfahrt liegt eine stationäre Querbeschleunigung vor, die in ihrer Höhe von Kurvenradius und Fahrgeschwindigkeit abhängt. Wird dem gekrümmten Fahrbahnverlauf eine Spurwechseltrajektorie über-lagert, entsteht eine zusätzliche Überhöhung der konstant vorliegenden Quer-beschleunigung. Potentiell wird die Situation weniger komfortabel empfun-den, je größer dieses Extremum ist. Um das Komfort- und Sicherheits-empfinden der Insassen zu verbessern, werden die beschriebenen asymmetri-schen Trajektorien gezielt eingesetzt. Dabei werden Teil A und Teil B situa-tionsbedingt in Ihrer Reihenfolge vertauscht, sodass das Querbeschleuni-gungsextremum in seinem Betrag reduziert wird. Die prinzipielle Funktions-weise der richtungsabhängigen Applikation verdeutlicht **Abbildung 3.2**. Hier sind beide Applikationsmöglichkeiten einer asymmetrischen Trajektorie im Vergleich mit der symmetrischen Variante für diese Fahrsituation dargestellt. Das untere Diagramm zeigt den Verlauf der Querbeschleunigung. Lokale

Extrema sind mit einem Kreuz markiert. Die beiden Verläufe für die asymmetrische Trajektorie unterscheiden sich nur durch die 180° Drehung um den Mittelpunkt des Graphen. Hierdurch kann das größere der beiden lokalen Extrema aus Teil A unterhalb oder oberhalb der horizontalen Nulllinie platziert werden. Bei Überlagerung mit einem konstanten Kurvenbeschleunigung kann so das globale Extremum reduziert werden.

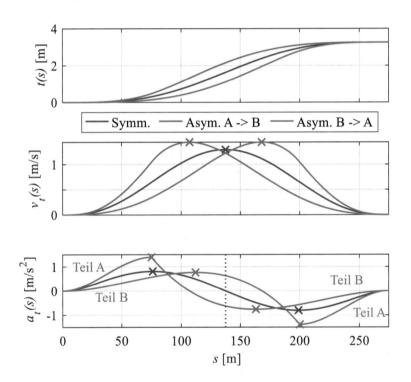

Abbildung 3.2: Applikation asymmetrische Trajektorien

Auf gerade Streckenabschnitten wird für den Spurwechsel immer Teil A mit der höheren Dynamik vor Teil B angewendet. Die höhere Dynamik in Teil A zeichnet sich dadurch aus, dass dieser Teil für die entsprechende Trajektorie das größere der beiden lokalen Extrema und höhere Änderungsraten bezüglich der Querbeschleunigung enthält. **Abbildung 3.3** zeigt die Projektion der symmetrischen und einer asymmetrischen Trajektorie auf die Fahrbahn in unterschiedlichen Fahrsituationen. Die asymmetrische Trajektorie liegt bei Fahrsituationen auf geraden Strecken bzgl. ihres lateralen Wegs immer ,vor' der symmetrischen Variante. Diese Applikation wird für Geraden gewählt, da für diese Fahrsituation bereits erprobt ist, dass eine größere Querbeschleunigung am Anfang des Spurwechsels komfortsteigernd wirkt [8].

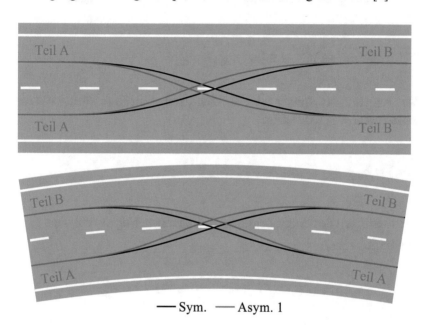

— Sym. —— Asym. 1

Abbildung 3.3: Fahrsituationsabhängige Trajektorien Applikation

In Kurvenfahrsituationen (Abb. unten) wird im Gegensatz dazu beim Fahrspurwechsel nach kurveninnen die Reihenfolge von Teil A und Teil B der asymmetrischen Trajektorie umgekehrt, sodass sie einen weniger dynamischen Anfang hat und somit bzgl. des radialen Wegs ‚hinter' der symmetrischen Varianten liegt.

Die Beschreibung der asymmetrischen Trajektorien erfolgt als zweiteiliger Spline und wird [41] entnommen. Dabei beschreibt $t(s)$ wieder den lateralen Weg in Abhängigkeit vom zurückgelegten longitudinalen Weg s:

$$t(s) = \begin{cases} t_1(s) \\ t_2(s - s_{1e}) \end{cases} \text{für} \quad \begin{aligned} &s \in [0 .. s_{1e}] \\ &s \in \,]s_{1e} .. s_{1e} + s_{2e}] \end{aligned} \,.$$

Gl. 3.3

Der erste Teil des Splines wird als eine Parabel im Ruck (dritte Ableitung des lateralen Wegs) definiert:

$$\dddot{t}_1(s_1) = b_0 + b_2 \cdot s_1^2 \text{ mit } s_1 \in [0 .. s_{1e}].$$

Gl. 3.4

Der zweite Teil des Splines definiert den lateralen Weg als Polynom fünften Grades:

$$t_2(s_2) = c_0 + c_1 \cdot s_2 + c_2 \cdot s_2^2 + c_3 \cdot s_2^3 + c_4 \cdot s_2^4 + c_5 \cdot s_2^5$$

Gl. 3.5

mit $s_2 \in [0 .. s_{2e}]$.

Um diese beiden Gleichungen des Splines möglichst allgemein zu lösen, werden für t_1 in Gl. 3.6 vier Anfangsbedingungen definiert. Das lokale Extremum am Scheitelpunkt der Parabel wird als Parameter $j_{max,des}$ eingeführt, das Extremum in der lateralen Beschleunigung als $a_{max,des}$.

$$t_1(0) = 0 \mid \dot{t}_1(0) = 0 \mid \ddot{t}_1(0) = 0 \mid \dddot{t}_1(0) = 0$$

$$\ddot{t}_1(s_{1e}) = a_{max,des} \mid \dddot{t}_1\left(\frac{s_{1e}}{2}\right) = j_{max,des}$$

Gl. 3.6

Für t_2 werden drei Anfangsbedingungen zur nahtlosen Verknüpfung mit t_1 sowie drei Endbedingungen definiert:

$$t_2(0) = t_1(s_{1e}) \mid \dot{t}_2(0) = \dot{t}_1(s_{1e}) \mid \ddot{t}_2(0) = \ddot{t}_1(s_{1e})$$

$$t_2(s_{2e}) = t_{2e} \mid \dot{t}_2(s_{2e}) = 0 \mid \ddot{t}_2(s_{2e}) = 0. \qquad \text{Gl. 3.7}$$

Damit können die Parameter $b_{0,2}$, $c_{0..5}$, s_{1e} sowie die drei Integrationskonstanten, die durch die Integration von $\dddot{t}_1$ entstehen, gelöst werden. Um den Parameter s_{2e} zu bestimmen, kann ein Intervall $s_{2e} \in [s_{2e,\min} \mathbin{..} s_{2e,\max}]$ berechnet werden. Die Details dieser Berechnung sind in [41] zu finden. Bei der Intervallberechnung wird sichergestellt, dass kein $t_2 > t_{2e}$ auf dem Definitionsintervall existiert, was mathematisch bisher nicht ausgeschlossen, aber im Sinne eines Spurwechsels nicht gewollt ist. Der zweite Teil des Splines t_2 weist, verglichen mit dem ersten Teil t_1, eine geringere Dynamik auf. Die Wahl von s_{2e} definiert die Länge des zweiten Spline Teils und legt damit maßgeblich die Ausprägung der Asymmetrie fest, da je größer s_{2e} gewählt wird, die Dynamik des zweiten Teils weiter reduziert wird. Um die Wahl von s_{2e} anschaulicher zu definieren, wird ein Asymmetrie-Faktor f_{asym} eingeführt, der die Wahl von s_{2e} auf dem jeweils gültigen Intervall wie folgt definiert:

$$s_{2e} = s_{2e,\min} + f_{\mathrm{asym}} \cdot (s_{2e,\max} - s_{2e,\min}). \qquad \text{Gl. 3.8}$$

Über die verbleibenden Parameter $j_{\max,\mathrm{des}}$, $a_{\max,\mathrm{des}}$ und f_{asym} können später verschiedene asymmetrische Trajektorienformen als Stimulus für die Probandenstudien appliziert werden. t_{2e} wird im Planungsschritt als Abstand zwischen den Mittellinien der beiden am Spurwechsel beteiligten Fahrspuren definiert. Im Gegensatz zur Definition der symmetrischen Trajektorie kann hier die Länge bzw. Dauer des Spurwechsels nicht direkt über einen Parameter vorgegeben werden. Dennoch ist es mit Kenntnis von t_e bzw. t_{2e} möglich, den Parametersatz so zu wählen, dass die angewandten symmetrischen und asymmetrischen Trajektorien die gleiche Länge bzw. Dauer aufweisen. Dies ist eine wichtige Voraussetzung, um die unterschiedlichen Trajektorienformen vergleichen zu können. Unterschiedliche Dynamikausprägungen können

nur sinnvoll verglichen werden, wenn beiden Trajektorien dieselben Randbedingungen – also vor Allem dieselbe Länge –zugrunde liegen. Die in den
Studien verwendeten Formen und Parametrierungen können Kap. 3.4.2 entnommen werden.

Zur Ausgabe der Solltrajektorie an den Folgeregler superpositioniert das Planungsmodul die Spurwechseltrajektorie und den Fahrbahnverlauf. Das Funktionsprinzip ist bereits in [113] beschrieben worden und wird hier zur Vollständigkeit wiedergegeben. Die Überlagerung geschieht auf Krümmungs-
bzw. Winkelbasis. Der prototypische Regler besitzt, wie oben beschrieben,
unterschiedliche Lenkungsmodi: einen konventionellen Vorderachslenkungsmodus und unterschiedliche Allradlenkungsmodi. Damit besitzt das
System je nach Modus eine unterschiedliche Anzahl an System-
freiheitsgraden. Der Ausgang des Planungsmoduls besitzt zur Nutzung dieser
Freiheitsgrade unterschiedliche Dimensionen abhängig vom vorliegenden
Lenkungsmodus. Im Vorderachslenkungsmodus besteht der Ausgang aus einem Sollverlauf für den Kurswinkel v_{ref}. Dieser setzt sich aus dem Winkel-
verlauf der Fahrbahnreferenzlinie v_{road} und dem der Spurwechseltrajektorie
v_{LCTraj} zusammen.

$$v_{ref} = v_{road} + v_{LCTraj} \qquad\qquad \text{Gl. 3.9}$$

Im Allradlenkungsmodus wird der Sollverlauf für den Gierwinkel ψ_{ref} und
den Schwimmwinkel β_{ref} separat bestimmt. Dabei wird zur Verfolgung des
Fahrbahnverlaufs ausschließlich der Gierwinkel genutzt. Die Spurwechseltrajektorie wird durch Nutzung des Gier- und Schwimmwinkels zu para-
metrierbaren Anteilen überlagert. Dafür wird der Faktor f_{ARL} eingeführt.

Dieser gibt den Anteil an, zu dem der Schwimmwinkel zur Verfolgung der Spurwechseltrajektorie genutzt wird. Gl. 3 10 und Gl. 3 11 beschreiben diesen Zusammenhang. Der Parameter f_{ARL} wird, analog zu den zuvor eingeführten Form-Parametern der Spurwechseltrajektorien, in den Probandenstudien variiert und als Stimulus genutzt.

$$\dot{\psi}_{ref} = v_{road} + v_{LCTraj} \cdot (1 - f_{ARL}) \qquad\qquad \text{Gl. 3 10}$$

$$\beta_{ref} = v_{LCTraj} \cdot f_{ARL} \qquad\qquad \text{Gl. 3 11}$$

3.2.2 Querregler – Vorausschaumodul

Das Vorausschaumodul erhält neben der Solltrajektorie aus dem Planungsmodul die aktuelle Regelabweichung in Form einer lateralen Distanz und eines Winkelfehlers als Eingang (siehe **Abbildung 3.1**). Das Modul verarbeitet die Abweichung an der Fahrzeugposition sowie die vorausliegende Solltrajektorie zur Nutzung im Feed-Back Pfad des Folgereglers. Dabei wird der aktuelle Bewegungszustand des EGO-Fahrzeugs als stationär beschleunigt angenommen und in die Zukunft extrapoliert. In Verbindung mit dem vorausliegenden Streckenverlauf wird eine laterale Abweichung für einen Vorausschaupunkt approximiert. Dieser Vorausschaupunkt liegt zeitlich konstant 0,2 Sekunden vor der aktuellen Fahrzeugposition. Die lateralen Abweichungen werden jeweils als Distanz zur Solltrajektorie, orthogonal zur Fahrzeuglängsachse definiert. Als Ausgang des Vorausschaumoduls wird die laterale Abweichung an der Fahrzeugposition Δt und die approximierte Abweichung Δt_{LAH} für den Vorausschaupunkt an den Folgeregler ausgegeben. Diese beiden Abweichungen werden parallel im Feed-Back Modul weiterverarbeitet.

3.2.3   Querregler – Folgeregler

Der Folgeregler hält das EGO-Fahrzeug in Querrichtung auf der Solltrajektorie, die vom Planungsmodul aus Fahrbahnverlauf und Spurwechseltrajektorien berechnet wird. Die Struktur des Folgereglers besteht aus parallelen Feed-Forward und Feed-Back Pfaden. Als Eingang wird neben der
Solltrajektorie die Regelabweichung vom Vorausschaumodul in Form von
zwei lateralen Distanzen genutzt. Dabei handelt es sich um die Distanz zur
Solltrajektorie an der aktuellen Fahrzeugposition und um eine approximierte
Distanz, die unter Beibehaltung des Fahrzustands in einer Zeit von 0,2 s vor-
liegen würde. Der Regler besitzt als Stellgrößen zwei Ausgänge: einen Vor-
derachs- und einen Hinterachslenkwinkel. Der Hinterachslenkwinkel wird
ausschließlich über den Feed-Forward Pfad gesteuert. Der Vorderachslenkwinkel setzt sich aus einem Feed-Forward und einem Feed-Back
Anteil summarisch zusammen. Dabei nutzt der Feed-Forward Pfad als Eingang ausschließlich Eigenschaften der Solltrajektorie und der Feed-Back
Pfad ausschließlich die beiden Regelabweichungen vom Vorausschaumodul
(siehe **Abbildung 3.1**). Der Folgeregler besitzt zwei Betriebsmodi. Im Vorderachslenkungsmodus wird der Hinterachslenkwinkel auf Null gesetzt und
die Solltrajektorie liegt als Kurswinkel v_{ref} am Eingang an. Im Allrad Lenkungsmodus (ARL) wird der Sollverlauf für den Gierwinkel ψ_{ref} und den
Schwimmwinkel β_{ref} unabhängig voneinander am Eingang vom Trajektori-
enplanungsmodul bereitgestellt.

Der Feed-Forward Pfad basiert auf einer analytischen Inversion eines Einspurmodells [108, 114–116], das um den Hinterachslenkwinkel erweitert
wird [113]. Das Modell besitzt zwei Zustände: den Schwimmwinkel β und
die Giergeschwindigkeit $\dot{\psi}$. Die Differenzialgleichungen des Modells sind in
Gl. 3.12 und Gl. 3.13 beschrieben.

$$\dot{\beta} = -\beta \cdot \frac{c_F + c_R}{m \cdot v} + \dot{\psi} \cdot \frac{-c_F \cdot l_F + c_R \cdot l_R - m \cdot v^2}{m \cdot v^2} + \delta_F \cdot \frac{c_F}{m \cdot v} + \delta_R \cdot \frac{c_R}{m \cdot v} \qquad \text{Gl. 3.12}$$

$$\ddot{\psi} = \beta \cdot \frac{-c_F \cdot l_F + c_R \cdot l_R}{I_{zz}} - \dot{\psi} \cdot \frac{c_F \cdot l_F^2 + c_R \cdot l_R^2}{I_{zz} \cdot v} + \delta_F \cdot \frac{c_F \cdot l_F}{I_{zz}} - \delta_R \cdot \frac{c_R \cdot l_R}{I_{zz}} \qquad \text{Gl. 3.13}$$

Zur Inversion des Einspurmodells im Vorderachslenkungsmodus (VAL) wird der Hinterachslenkwinkel zu null gesetzt, die erste Ableitung des Schwimmwinkels als Null approximiert und der Zusammenhang zwischen Kurs-, Gier- und Schwimmwinkel eingesetzt.

$$\delta_R = 0 \mid \dot{\beta} = 0 \mid \nu = \psi + \beta \qquad \text{Gl. 3 14}$$

Die Modellgleichungen lassen sich dann analytisch so umformen, dass das Vorsteuergesetz für den Vorderachslenkwinkel $\delta_{F,VAL}$ im Betriebsmodus Vorderachslenkung entsteht (Gl. 3.15). Die Gleichung ist von der aktuellen Fahrgeschwindigkeit v und der Referenztrajektorie ν_{ref} bzw. deren Ableitungen abhängig, die vom Planungsmodul zur Verfügung gestellt werden.

$$\delta_{F,VAL} = \frac{\dot{\nu}_{ref} \cdot (c_F \cdot c_R \cdot (l_F + l_R)^2 - (c_F \cdot l_F - c_R \cdot l_R) \cdot m \cdot v^2) + \ddot{\nu}_{ref} \cdot (c_F + c_R) \cdot I_{zz} \cdot v}{c_F \cdot c_R \cdot v \cdot (l_F + l_R)} \qquad \text{Gl. 3.15}$$

Für den Allradlenkungsmodus kann das erweiterte Einspurmodell aus Gl. 3.12 und Gl. 3.13 ohne weitere Annahmen zum Vorsteuergesetz umgeformt werden. Gl. 3.16 beschreibt den Vorderradlenkwinkel $\delta_{F,ARL}$ und Gl. 3.17 den Hinterradlenkwinkel $\delta_{R,ARL}$. Beide Gleichungen nutzen die in diesem Modus vom Planungsmodul gelieferten Variablen ψ_{ref} und β_{ref} bzw. deren mitgelieferten Ableitungen.

$$\delta_{F,ARL} =$$
$$\frac{\dot{\psi}_{ref} \cdot (l_R \cdot m \cdot v^2 + c_F \cdot l_F^2 - c_F \cdot l_F \cdot l_R) + \ddot{\psi}_{ref} \cdot I_{zz} \cdot v + \beta_{ref} \cdot c_F \cdot (l_F + l_R) \cdot v + \dot{\beta}_{ref} \cdot l_R \cdot m \cdot v^2}{c_F \cdot v \cdot (l_F + l_R)} \qquad \text{Gl. 3.16}$$

$$\delta_{R,ARL} =$$
$$\frac{\dot{\psi}_{ref} \cdot (l_F \cdot m \cdot v^2 - c_R \cdot l_R^2 - c_R \cdot l_F \cdot l_R) - \ddot{\psi}_{ref} \cdot I_{zz} \cdot v + \beta_{ref} \cdot c_R \cdot (l_F + l_R) \cdot v + \dot{\beta}_{ref} \cdot l_F \cdot m \cdot v^2}{c_R \cdot v \cdot (l_F + l_R)} \qquad \text{Gl. 3.17}$$

Die Gleichung der Vorsteuergesetze enthalten fahrzeugbezogene Parameter, die dem komplexen Modell für die Fahrdynamik des EGO-Fahrzeugs entnommen werden können. Die Achssteifigkeiten c_F und c_R können nicht direkt aus dem Modell entnommen werden, da dieses das Achsverhalten präziser auflöst. Daher wird über diese Parameter das Modellverhalten des Einspurmodells an das des komplexen Modells angepasst. Dies geschieht mit einem Optimierungsprozess [114, 117] in dem das Verhalten des komplexen Modells für charakteristische Fahrdynamikkennwerte im Frequenzbereich als Ziel dient. Als Referenz für das Optimierungsziel wird das Verhalten des komplexen Fahrdynamikmodells aus Simulationsergebnissen geeigneter Fahrmanöver ermittelt.

Das Verhalten des Folgereglers zeigt **Abbildung 3.4** exemplarisch bei der Verfolgung der symmetrischen Spurwechseltrajektorie bei einem Fahrspurwechsel nach links. Neben dem Vorderachslenkungsmodus (VAL) sind zwei Ergebnisse für den Allradlenkungsmodus (ARL) abgebildet, deren Trajektorien mit $f_{ARL} = 0$ (ARL 0%) bzw. $f_{ARL} = 1$ (ARL 100%) geplant wurden. Je größer der Allradlenkungsfaktor, desto mehr wird die Trajektorie mithilfe des Schwimmwinkels verfolgt. Die Lenkwinkel nähern sich dabei von einer sinusähnlichen Form einer Parabelform an.

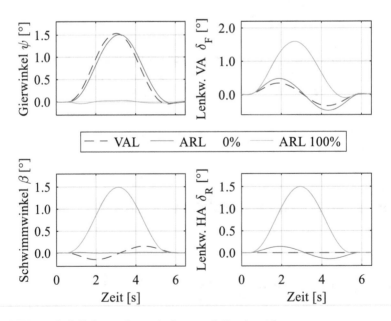

Abbildung 3.4: Folgereglerverhalten nach Lenkmodus

Parallel zum beschriebenen Feed-Forward Pfad befindet sich der Feed-Back Pfad, der entstehende Regelabweichungen kompensiert. Diese Abweichungen entstehen durch Modellungenauigkeiten im Feed-Forward Pfad oder durch Störungen, die auf die Regelstrecke wirken. Störungen können beispielsweise durch Fahrbahnunebenheiten oder -querneigung hervorgerufen werden. Diese Störungen können prinzipbedingt nicht durch den Feed-Forward Pfad berücksichtigt werden. Der Eingang des Feed-Back Pfads besteht aus der lateralen Abweichung zur Solltrajektorie und einer approximierten lateralen Abweichung an einem zeitlich konstanten Vorausschaupunkt vor dem Ego Fahrzeug. Die Abweichungen werden vom Vorausschaumodul zu Verfügung gestellt (vgl. Kap. 3.2.2; Abbildung 3.1). Jede der beiden Abweichungen wird durch einen PID Regler weiterverarbeitet, deren Ausgänge zu einer Größe summiert werden. Diese Größe wird vom folgenden Internal Model Controller (IMC) als zusätzliche Kurswinkelrate $\dot{v}_{FB}$ interpretiert, die benötigt wird, um die Regelabweichung zu kompensieren. Das im IMC enthaltene Modell ist ein Einspurmodell ohne Hinterachslenkwinkel und mit Annahme stationärer Kreisfahrt [62]. Es werden dieselben Modellparameter wie im Feed-Forward Pfad genutzt. Die Zwischengröße $\dot{v}_{FB}$ ist prinzipiell unabhängig vom in der Regelstrecke verwendeten Fahrzeug und dessen Eigenschaften. Damit kann auch die Parametrierung der PID Regler unabhängig vom eingesetzten Fahrzeug erfolgen. Dieses Prinzip setzt voraus, dass der Modellfehler zwischen dem als Regelstrecke eingesetzten komplexen Fahrzeugmodell und den im Fahrzeugregler verwendeten Einspurmodellen hinreichend klein bzw. zwischen verschiedenen Fahrzeugen ähnlich ist. Ebenfalls unterscheidet sich die Funktion des Feed-Back Pfades nicht zwischen den verschiedenen Lenkungsmodi (VAL/ARL), da dieser immer nur auf die Vorderachse wirkt. So wird sichergestellt, dass das Reaktionsverhalten auf Störungen unabhängig vom gewählten Lenkungsmodus ist.

In einer durchgeführten Vorstudie mit Fahrdynamikexperten im Stuttgarter Fahrsimulator stellt sich heraus, dass die Parametrierung der PID Regler im Feed-Back Pfad wesentlich für das empfundene Fahrverhalten des prototypischen Fahrzeugreglers ist. Dies ist in Querrichtung vor allem an der Reaktion auf Störungen festzumachen und zeigt sich beispielsweise bei der Einfahrt in Kurven oder der Überfahrt von Fahrbahnschwellen in Kurven. Zur automatisierten Einstellung der PID Parameter wird ein Optimierungsprozess genutzt. Als Optimierungsziel wird die Minimierung einer Kostenfunktion gesetzt, die sowohl die Reglerperformance als auch Fahrkomfort berücksichtigt [118]. Die Reglerperformance wird anhand der Querabweichung und deren Extrema beurteilt. Als Komfortkriterium wird das Schwingverhalten in der Querbeschleunigung bewertet. Diese Kriterien bilden den allgemeinen Zielkonflikt bei der Reglerauslegung ab. Eine Auslegung, bei der Störungen schnell kompensiert werden, liefert eine geringe Querabweichung, produziert dabei aber höhere Querbeschleunigungen, die als unkomfortabel wahrgenommen werden. Die mittels Optimierung gefundene Parametrierung wird in einer weiteren Expertenstudie am Stuttgarter Fahrsimulator beurteilt und als unauffällig, komfortabel und allgemein mit einem menschlichen Fahrer vergleichbar empfunden. Die Querabweichungen zur Solltrajektorie, die in den verwendeten Fahrszenarien vom Regler produziert werden, sind eine Größenordnung kleiner als die Unterschiede zwischen verschiedenen Spurwechseltrajektorien. Dies ist wichtig, damit die als Studienfaktor unterschiedlich gesetzten Spurwechseltrajektorien mit ausreichender Genauigkeit vom Folgeregler verfolgt werden. Ansonsten wäre einer Rückführung von Unterschieden in der Subjektivbewertung auf die gesetzten Unterschiede in der Trajektorie nicht möglich. Der Trajektorienfolgeregler wird damit für den Einsatz in den Probandenstudien als geeignet befunden.

3.3 Fahrsimulation und Fahrszenario

Zur Evaluation des Komforteinflusses verschiedener Bewegungsformen beim Fahrspurwechsel werden neben dem zuvor beschriebenen prototypischen Fahrzeugregler noch weitere Simulationsmodule benötigt (vgl. **Abbildung 2.2**). Dabei handelt es sich um das Fahrdynamik Modell des EGO-Fahrzeugs, die Fahrumgebung und das Motion-Cueing.

Als Fahrdynamikmodell wird das marktetablierte, kommerziell erhältliche Modell IPG CarMaker in der Version 5 eingesetzt. Zusammen mit entsprechender Hardware wird mit diesem Modell eine Echtzeit-Simulation der Fahrdynamik im Zeitbereich realisiert. Für die Modellparametrierung wird auf einen validierten Datensatz zurückgegriffen. Dieser repräsentiert eine Mittelklasse-Limousine [92]. Das Modell ist wie in Kap. 2.4 beschrieben in die Co-Simulation eingebunden und übermittelt in jedem Zeitschritt seine Position an die Umgebungssimulation sowie weitere Bewegungsgrößen an das Motion-Cueing und den Fahrzeugregler. Als Eingang erhält das Fahrdynamikmodell Umgebungsparameter und die Stellgrößen des Reglers, wie Lenkwinkel und Pedalstellungen.

Die Umgebungssimulation verortet das EGO-Fahrzeug mit der übermittelten Position im Fahrszenario und rendert in jedem Zeitschritt die Sicht auf das Szenario für die Videoausgabe. Weiterhin werden die Abweichung zur Fahrspurmitte und die Abstände zu Fremdverkehrsfahrzeugen berechnet und an den Fahrzeugregler übermittelt. Das Fahrszenario kann in der verwendeten Umgebungssimulation VIRES Virtual Test Drive in einem Editor erstellt werden. Darin werden Fahrbahnverlauf und -querschnitt sowie Fremdverkehrsparameter definiert.

Dem Fahrbahnverlauf kommt dabei besondere Bedeutung zu, da dieser die Querbeschleunigung des EGO-Fahrzeugs direkt beeinflusst. Mit Kenntnis der in den Studien angestrebten Fahrgeschwindigkeiten kann dieser so ausgelegt werden, dass Querbeschleunigung und -ruck innerhalb bestimmter Grenzen bleiben. Das Einhalten dieser Grenzwerte stellt sicher, dass das Motion-Cueing die Bewegungsgrößen hinreichend gut mit dem Bewegungssystem des Fahrsimulators wiedergeben kann. Dabei werden keine wahrnehmbaren Bewegungsartefakte, sog. ‚False Cues' produziert, die den Realismusgrad des Fahreindrucks störend reduzieren würden. Das Motion-Cueing gibt langanhaltende Querbeschleunigungen, die durch Kurvenfahrt entstehen, über Tilt Coordination wieder. Dabei wird die Simulatorkuppel um die Längsachse geneigt, sodass die vertikal wirkende Erdbeschleunigung genutzt werden kann, um eine konstante Querbeschleunigung zu simulieren. Dynamische Querbeschleunigung, die darüber hinaus durch Spurwechsel oder Störungen entsteht, wird direkt über die Bewegung des Linearschlittens wiedergegeben. Beim Einsatz der Tilt Coordination zur Querbeschleunigungswiedergabe ist die dazu aufgebrachte Drehrate um die Kuppellängsachse zu begrenzen, um wahrnehmbare ‚False Cues' zu vermeiden. Die Drehrate der Tilt Coordination hängt dabei direkt mit der Geschwindigkeit zusammen, mit der eine konstante Querbeschleunigung aufgebaut wird. Bei konstanter Fahrgeschwindigkeit entspricht dies direkt der Krümmungsänderung der Fahrbahn. Um ‚False Cues' durch die Tilt Coordination zu vermeiden, wird also zur Beschränkung der Drehrate eine Beschränkung der Krümmungsänderung bei der Auslegung der virtuellen Fahrbahn berücksichtigt. Sicher vermieden werden können ‚False Cues', wenn die Drehrate unterhalb der menschlichen Wahrnehmungsschwelle liegt. Für die Drehungen um die Längsachse beträgt die Wahrnehmungsschwelle 2 °/s [119]. Wenn gleichzeitig weitere Wahrnehmungsreize gesetzt werden, wie es bei Fahrsimulationen immer der Fall ist, können höhere Grenzen bis hin zu 6 °/s akzeptiert werden [120]. Die zur Fahrbahnauslegung genutzte Grenze wird konservativ mit 2,5 °/s gewählt. Neben der maximalen Drehrate ist auch der maximale Drehwinkel, der von der Tilt Coordination genutzt wird, zu beachten. Zu große Winkel erzeugen ebenfalls ‚False Cues' durch den dann unrealistisch großen Verlust an Erdbeschleunigung in vertikaler Richtung. Zusätzlich steht für die Drehung um die Kuppellängsachse nur ein beschränkter Bewegungsraum zur Verfügung, der ebenfalls für die Wiedergabe von Wank- und Vertikalbewegungen genutzt wird. Um Wank- und Vertikalbewegung in gewünschter Größenordnung noch abbilden zu können, wird der maximale Drehwinkel um die Kuppellängsachse für die Tilt Coordination zu max. 12 ° gewählt. Dieser maximale Winkel beschränkt darstellbare konstante Querbeschleunigungen in ihrer Höhe. Bei konstanter Fahrgeschwindigkeit hängt die Höhe der konstanten Querbeschleunigung bei Kurvenfahrt direkt mit der Krümmung der Fahrbahn zusammen. Analog zur Berücksichtigung der maximalen Krümmungsänderung wird dies über eine Beschränkung der Krümmung bei der folgenden Fahrbahnauslegung berücksichtigt.

Weiterhin essentiell bei der Betrachtung der Bewegungswiedergabe sind die im Motion-Cueing eingesetzten Skalierungen. Die Skalierungsfaktoren definieren, zu welchem Anteil die simulierten Fahrzeugbewegungen durch das Bewegungssystem wiedergegeben werden. Unterschiedliche Studien zur optimalen Skalierung bei Fahrsimulatoren nennen für die Querrichtung Werte zwischen 0,4 und 0,75 für unterschiedliche Simulationsanlagen und Fahrszenarien [63, 121]. Da am Stuttgarter Fahrsimulator verglichen mit anderen Simulatoren ein insgesamt eine sehr gute Simulationsqualität bereitgestellt wird, muss die Motion-Cueing Skalierung ebenfalls am oberen Ende dieses Bereichs gewählt werden. Aus der Erfahrung vorhergehender interner Studien dazu wird die Skalierung für diese Studien zu 0,65 für die Querbeschleunigungswiedergabe über Tilt Coordination und 0,75 für alle anderen Bewegungen gewählt.

Mit den in Gl. 3.18 zusammengefassten Grenzwerten können nun Grenzen für die Fahrbahnparameter ermittelt werden.

$$\varphi_{y,max,TC} = 12° \ | \ \dot{\varphi}_{y,max,TC} = 2{,}5\,°/_s \ | \ f_{y,min,TC} = 0{,}65 \qquad \text{Gl. 3.18}$$

Unter der Annahme der Kleinwinkelnäherung

$$\cos(\varphi_{y,TC}) \cong 1 \qquad \text{Gl. 3.19}$$

gilt für die maximale Querbeschleunigung und den maximalen Ruck durch Kurvenfahrt:

$$a_{y,max} = \frac{g \cdot sin(\varphi_{y,max,TC})}{f_{y,min,TC}} = 3{,}14\,\frac{m}{s^2} \qquad \text{Gl. 3.20}$$

$$j_{y,max} = \frac{g \cdot \dot{\varphi}_{y,max,TC}}{f_{y,min,TC}} = 0{,}66\,\frac{m}{s^3}. \qquad \text{Gl. 3.21}$$

Hieraus ergibt sich unter Annahme konstanter Fahrgeschwindigkeit für die Fahrbahnkrümmung und ihre erste Ableitung nach dem Weg s entlang der Fahrbahn:

$$K_{max} = \frac{a_{y,max}}{v_x^2} \qquad \text{Gl. 3.22}$$

$$\frac{dK}{ds}_{max} = \frac{j_{y,max}}{v_x^3}. \qquad \text{Gl. 3.23}$$

Diese Auslegungsparameter sind für die angestrebten Fahrgeschwindigkeiten von 120 km/h und 180 km/h jeweils zu ermitteln. Neben der maximalen Krümmung K_{max} bestimmt die Ableitung $\frac{dK}{ds}$ dabei direkt die maximal mögliche Krümmungszunahme in Übergangsbögen (Klothoidensteigung).

Neben den Restriktionen, die das Motion-Cueing an die Fahrbahnauslegung stellt, werden die deutschen Richtlinien zur Linienführung auf Autobahnen beachtet [99]. Dies betrifft Vorgaben zu Krümmungsverlauf und Abfolge von geraden Abschnitten und Kurven. Der Fahrbahnquerschnitt wird für jede Fahrtrichtung mit zwei Hauptfahrspuren zu je 3,25 m Breite und einem Seitenstreifen sowie Mittelstreifen zwischen den Richtungsfahrbahnen definiert. Abweichend von den Empfehlungen der Richtlinie [99], die die rechte Hauptfahrspur mit mindestens 3,50 m vorschreibt, wird eine kleinere Spurbreite gewählt, die an den optischen Gesamteindruck im Simulator angepasst ist, sodass die Situation realistisch erscheint. Die Fahrbahn wird sowohl optisch als auch in der Fahrsimulation für den Reifenkontakt durch ein Rauschsignal mit einer unauffälligen Oberfläche versehen. Diese sorgt für einen realistischen Fahreindruck, ohne dabei Artefakte zu erzeugen, oder in den Vordergrund zu treten.

Unter den beschriebenen Randbedingungen werden in der Fahrsimulation unterschiedliche Fahrbahnen in einem Straßennetzwerk angelegt. Dabei werden für jede Auslegungsgeschwindigkeit (120 km/h und 180 km/h) gerade Streckenabschnitte und Fahrbahnen mit Kurven erstellt. **Abbildung 3.5** zeigt einen Ausschnitt der Netzwerkskizze für eine Fahrgeschwindigkeit. Die Fahrbahnen sind nicht miteinander verbunden, sondern können unabhängig voneinander befahren werden. In der Umgebungssimulation ist eine Versuchsablaufsteuerung implementiert, die das EGO-Fahrzeug während der Fahrt im Straßennetzwerk versetzen kann. Erreicht das Fahrzeug den Endpunkt einer Fahrbahn, wird es an den Startpunkt auf derselben oder einer anderen Fahrbahn versetzt. Damit dies ohne Artefakte passieren kann, wird dafür Sorge getragen, dass der visuelle Horizont an den Start und Endpunkten identisch ist. Auf diese Weise kann im Probandenversuch eine kontinuierliche Fahrt simuliert werden, ohne zuvor statisch festzulegen, in welcher Reihenfolge unterschiedliche Fahrsituationen dabei auftreten. In der Ablaufsteuerung werden probandenindividuelle Ablaufpläne mit jeweils randomisierter Abfolge der Fahrsituationen, und damit Fahrbahnabschnitten, hinterlegt und im Versuch abgefahren.

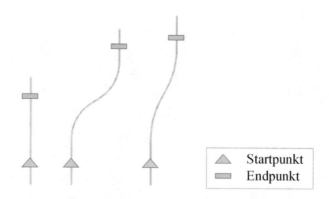

Abbildung 3.5: Übersicht Fahrszenario mit unterschiedlichen Fahrbahnen für eine Auslegungsgeschwindigkeit

Die Kurvenstrecken besitzen für jede Auslegungsgeschwindigkeit zwei unterschiedliche Radien, die konstante Querbeschleunigungen von $1{,}25$ m/s² und $2{,}5$ m/s² erzeugen. Auf allen Streckenabschnitten sind Fremdverkehrsfahrzeuge im Szenario definiert, die beim Überfahren bestimmter Fahrbahnpositionen mit dem EGO-Fahrzeug weit vor diesem in das Szenario gesetzt werden. Die Entfernung beim Einsetzen der Fremdverkehrsfahrzeuge in das Szenario ist so gewählt, dass dieser Vorgang für die Probanden nicht zu sehen ist. Diese Fahrzeuge werden dann vom Fahrzeugführungssystem überholt. Auf einer der beiden geraden Streckenabschnitte sind keine Fremdverkehrsfahrzeuge definiert. Auf diesen Abschnitten wird das EGO-Fahrzeug zu Versuchsbeginn, Versuchsende oder bei Geschwindigkeitsänderungen beschleunigt bzw. abgebremst. Die Fahrbahnen werden nur in einer Fahrtrichtung genutzt. Auf der anderen Richtungsfahrbahn befindet sich kein Verkehr. **Abbildung 3.6** zeigt eine Momentaufnahme aus der Fahrszenario in der Vogelperspektive inclusive des EGO-Fahrzeugs während des Spurwechsels auf die linke Fahrspur in einer Rechtskurve. Am Horizont ist eine Kolonne von drei Fremdverkehrsfahrzeugen zu sehen, die überholt werden. **Abbildung 3.7** zeigt dieselbe Fahrsituation aus der Perspektive des EGO-Fahrzeugs. Diese Ansicht wird in der Simulatorkuppel gezeigt.

Abbildung 3.6: Darstellung im Fahrsimulator – Vogelperspektive, EGO-Fahrzeug vorne links

Die Länge der einzelnen Fahrbahnabschnitte und die Parameter des Fremdverkehrs sind so gewählt, dass Spurwechsel nur in Kurvenbögen bzw. auf Geraden stattfinden (nicht in Klothoiden).

Abbildung 3.7: Darstellung im Fahrsimulator – EGO-Perspektive

Weiterhin bleiben zwischen den einzelnen Spurwechseln mindestens zehn Sekunden Zeit für die Bewertung jedes einzelnen Spurwechsels durch die Probanden. Die Fremdverkehrsfahrzeuge bewegen sich mit konstanter Geschwindigkeit. Die Geschwindigkeit ist mit 60 % der EGO-Fahrgeschwindigkeit so gewählt, dass sich eine unauffällige und für einen Überholvorgang übliche Differenzgeschwindigkeit ergibt. Für die EGO-Geschwindigkeiten von 180 bzw. 120 km/h ergibt sich demnach eine Fremdverkehrsgeschwindigkeit von 108 bzw. 72 km/h.

3.4 Studiendesign

Mit den in dieser Arbeit durchgeführten Probandenstudien werden Zusammenhänge zwischen objektiv unterschiedlich ausgeführten Fahrspurwechseln und dem dabei auftretendem subjektiven Komfort- und Sicherheitsempfinden evaluiert. Nachdem in den vorhergehenden Kapiteln die technische Realisierung der unterschiedlichen Spurwechsel in der Fahrsimulation beschrieben ist, stellt dieses Kapitel das Studienverfahren dar. Dazu gehört z.B. der Ablauf des Gesamtversuchs und die Methode, mit der das subjektive Empfinden der Probanden nach jedem Spurwechsel erfasst wird. Daneben wird die genaue Parametrierung für die gesetzten Stimuli definiert. Beispielsweise wird die Form der evaluierten Fahrspurwechsel erst hier eindeutig durch die Wahl der Parameter für das prototypische Fahrzeugführungssystem definiert. In welchen Fahrsituationen diese Spurwechsel evaluiert werden, wird über Versuchsablaufpläne in der statistischen Versuchsplanung festgelegt. Hierbei kommt der Randomisierung der Versuchsabläufe besondere Bedeutung zu, damit ungewollte Reihenfolge-Effekte im Versuch vermieden werden. Zuletzt ist die Stichprobenauswahl der Probanden beschrieben. Hier werden als Grundgesamtheit die in Deutschland mit PKW beförderten Personen (sowohl Fahrer als auch Passagiere) zugrunde gelegt.

3.4.1 Versuchsablauf und Subjektivbewertungsmethode

Das Vorgehen beim Erfassen der Subjektivbewertungen in den Probandenstudien ist ein wichtiger Teil in der Studienvorbereitung. Den Probanden soll eine detaillierte und zielführende Rückmeldung über Ihre Empfindungen er-

möglicht werden, ohne durch die Methode das Ergebnis zu beeinflussen, o-
der die Probanden zu überfordern [122, 123]. Das hier beschriebene Vorgehen wird in beiden Probandenstudien identisch angewandt.

Die Probanden werden nach ihrer Ankunft in einem Besprechungsraum be-
grüßt und gebeten, einen Vorbefragungsbogen auszufüllen. Um die Probanden auf die Fahrsimulation und die Bewertungsaufgabe vorzubereiten, wird
danach ein Einweisungsvideo gezeigt. In diesem Video wird kurz die Funktion der Simulationsanlage erklärt. Es wird darauf vorbereitet, dass die Fahrt
vollständig automatisiert auf einer Autobahn stattfindet. Die Probanden sollen eine normale Sitzposition einnehmen und nach vorne aus der Windschutzscheibe schauen; abgesehen von den Versuchsphasen in denen sie
nach unten auf das Tablet schauen sollen (Eyes-Off Phasen, siehe
Kap. 3.4.2). Es wird erklärt, dass das Evaluationsziel die im Szenario enthal-
tenen Fahrspurwechsel sind und das persönliche „Komfort- und Sicherheitsempfinden" bewertet werden soll. Mit einem begleitenden Video wird verdeutlicht, dass dies in einer schnellen Abfolge direkt nach jedem einzelnen
Spurwechsel erfolgt und die entsprechende Bewertungsskala dazu erläutert.
Nach der Video-Einweisung, der Beantwortung des Vorbefragungsbogens
und einer Sicherheitseinweisung an der Simulationsanlage beginnt der
ca. 50-minütige Fahrversuch.

Als zentrales Element für die Interaktion mit den Probanden während des
Fahrversuchs im Simulator ist ein Tabletcomputer in das Fahrzeugmockup
integriert. In beiden hier beschriebenen Probandenstudien ist das Inter-
aktionskonzept ähnlich. In Studie 1 ist der Tabletcomputer gut erreichbar mit
einer Halterung in der Mittelkonsole befestigt. **Abbildung 3.8** zeigt das Inne-
re des Fahrzeugmockups von der Rückbank aus. Der Tabletcomputer befindet sich am unteren Bildrand und zeigt gerade die Bewertungseingabe für
den zuvor erfolgten Spurwechsel nach links. In Studie 2 befindet sich das
Tablet ebenfalls in einer Halterung am Armaturenbrett. Im Gegensatz zur
ersten Studie enthält Studie 2 bei jedem Probanden zwei Ablaufphasen in
denen der Blick nicht nach vorne aus der Windschutzscheibe, sondern nach
unten auf den Tabletcomputer gerichtet werden soll (Eyes-Off Phasen). Für
diese Phasen werden die Probanden gebeten, das Tablet aus dem Halter zu
entnehmen und im Schoß zu halten. Während der anderen Eyes-On Phasen
ist es den Probanden freigestellt, das Tablet im Schoß zu halten oder in der
Haltung zu belassen.

Abbildung 3.8: Fahrsimulator Innenraum: Sicht nach vorne im Fahrzeug-
mockup mit Tabletcomputer in der Mittelkonsole (Studie 1)

Die Darstellung auf dem Tabletcomputer erfolgt in Studie 1 im Hochformat,
in Studie 2 im Querformat. **Abbildung 3.9** zeigt zwei beispielhafte Bild-
inhalte. Die linke Hälfte der Darstellung signalisiert dem Probanden dauerhaft, ob der Versuch sich gerade in einer Eyes-On Phase (oben) oder
Eyes-Off Phase (unten) befindet und der Blick entsprechend nach vorne oder
auf das Tablet zu richten ist. Auf der rechten Bildhälfte ist während der Fahrt
ein Hinweis auf das aktive Automatisierungssystem zu sehen. Während der
Fahrspurwechsel blinkt die entsprechende Kontrollleuchte für den Blinker,
wie oben in **Abbildung 3.9** zu sehen. Direkt nach jedem Spurwechsel erscheinen die beiden Bewertungsskalen. In der Abbildung ist dies unten beispielhaft für einen Spurwechsel nach links zu sehen. Die Reihenfolge, in der
die beiden Bewertungen auf den Skalen per Druck auf den Touchscreen ein-
geben werden ist den Probanden überlassen. Nach jeder Eingabe verschwin-
det die entsprechende Skala vom Bildschirm. Sind beide Eingaben getätigt
oder 10 Sekunden vergangen, kehrt die Anzeige auf das Ausgangsbild (oben)
zurück, um die Aufmerksamkeit des Probanden wieder zurück auf den darauffolgenden Spurwechsel zu lenken. Durch die Blinker Kontrollleuchten
auf dem Tablet ist es den Probanden auch in den Eyes-Off Phasen möglich,
Beginn und Ende eines Spurwechsels gut zu erkennen. In Studie 1 wird abweichend von **Abbildung 3.9** das Tablet im Hochformat verwendet und nur
die jeweils rechte Hälfte der abgebildeten Darstellung auf dem Tablet ange-

zeigt. Studie 1 enthält keine Eyes-Off Ablaufphasen, daher ist eine Anzeige der gewünschten Blickrichtung nicht nötig.

Die Bewertungssystematik unterteilt jeden einzelnen Spurwechsel in zwei aufeinanderfolgende Teile. **Abbildung 3.9** zeigt rechts unten die Bewertungsmetrik für einen Spurwechsel. Dies soll detaillierte Rückschlüsse bzgl. der ebenfalls zweiteilbaren, asymmetrischen Spurwechseltrajektorien ermöglichen (vgl. Kap. 3.2.1 bzw. Kap. 3.4.2). Für jeden der beiden Teile wird das „Komfort- und Sicherheitsempfinden" jeweils auf einer siebenstufigen Skala direkt nach jedem Spurwechsel bewertet. Bei der Skala handelt es sich um eine abgewandelte Kunin-Skala [124], die sich bereits in anderen Studien bewährt hat [57, 63].

Nachdem der Fahrversuch im Simulator absolviert wurde, werden die Probanden gebeten, einen Nachbefragungsbogen auszufüllen. Neben dem Gesamteindruck und Auffälligkeiten bzgl. der Fahrt und des Automatisierungssystems wird das Wohlbefinden und nach dem Versuch ggf. vorhandene Symptome und deren Stärke erfasst.

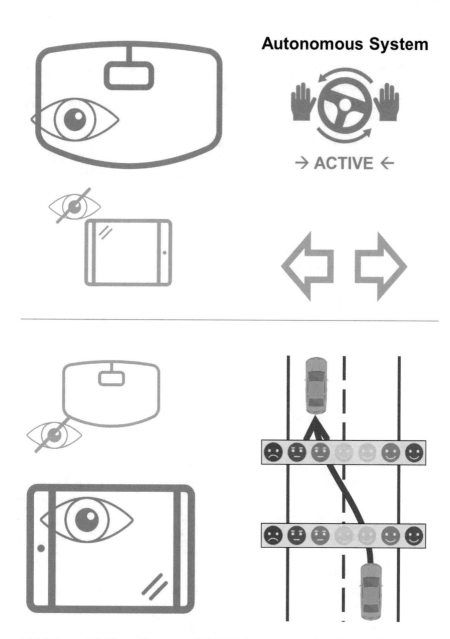

Abbildung 3.9: Darstellung der Subjektivbewertungseingabe (Studie 2) auf dem Tabletcomputer, Darstellung schwarz/weiß invertiert

3.4.2   Stimuli

Im Rahmen dieser Arbeit werden zwei Probandenstudien am Stuttgarter Fahrsimulator durchgeführt. Die von den Probanden bewerteten Fahrspurwechsel unterscheiden sich durch die gewählten Stimuli und deren Faktorstufen. Es werden hauptsächlich Faktoren variiert, die einen direkten Einfluss auf die Fahrdynamik, also die Bewegung des EGO-Fahrzeugs haben. Die gesetzten Stimuli werden in diesem Kapitel für beide Studien detailliert beschrieben. **Tabelle 3.1** zeigt die gesetzten Stimuli und deren Faktorstufen für beide Studien.

Tabelle 3.1:   Übersicht variierter Stimuli in den Probandenstudien

Stimulus	Beschreibung	Studie 1	Studie 2
S1	Spurwechsel-trajektorie	✓ Sym./Asym. 1-4	(✓) Sym./Asym. 2, 4
S2	Lenkungsmodus	✗ nur VAL	✓ VAL/ARL 0-100
S3	Blickrichtung	✗ nur Eyes On	✓ Eyes On/Off
S4	EGO Fahrge-schwindigkeit	✗ nur 180 km/h	✓ 180/120 km/h
S5	Fahrbahnkrümmung (konstantes a_y)	✓ 0/1,25/2.5 m/s²	✓ 0/2.5 m/s²
S6	Vertikalanregung Fahrbahn	✓ ± 0,01/0,005 m	✗ nur ± 0,003 m
S7	Richtung des Spur-wechsels	✓ Links / Rechts	✓ Links / Rechts

In Studie 1 wird hauptsächlich der Einfluss verschiedener Spurwechsel-trajektorien bei unterschiedlichen Fahrbahnkrümmungen und Vertikalanregungsniveaus durch die Fahrbahn untersucht. In Studie 2 fließen die Erkenntnisse aus der ersten Studie (s. Kap. 4) ein. Faktoren ohne relevanten Einfluss werden nicht weiter variiert, die als am besten bewerteten Spurwechseltrajektorien werden zur Validierung übernommen. Die zweite Studie berücksichtigt als weitere Faktoren verschiedene Allradlenkungsmodi, eine geringere Fahrgeschwindigkeit und das Abwenden des Blicks vom Verkehrsgeschehen zur Simulation einer Nebentätigkeit.

Der Stimulus S1 – Spurwechseltrajektorie wird durch unterschiedliche Parametrierung des prototypischen Fahrzeugführungssystems gesetzt. Dadurch wird die horizontale Bahnkurve, die mit dem Fahrzeugschwerpunkt verfolgt wird, variiert. Kap. 3.2.1 beschreibt die technische Umsetzung der Trajektorienplanung. Die Parametrierung erfolgt in Anlehnung an die Verordnung der Wirtschaftskommission für Europa der Vereinten Nationen (UN/ECE) für Spurwechselassistenzsysteme nach SAE Level 2 [40]. Da es sich bei dem Testsystem um eine Simulation einer SAE Level 4 Funktion handelt, überschreitet die verwendete Auslegung die Vorgaben der Verordnung leicht. Die applizierte Dynamik ist dennoch als niedrig einzuordnen, wie es in zeitnahen Einführungsszenarien für hochautomatisierte Fahrfunktionen erwartet wird [3, 125]. Es werden neben der symmetrischen Trajektorie vier asymmetrische Varianten eingesetzt. Alle Trajektorien haben unabhängig von allen anderen Parametern immer eine Länge von 5,5 Sekunden. Zur Definition der asymmetrischen Trajektorien werden neben der Länge noch weitere Parameter in **Tabelle 3.2** definiert.

Tabelle 3.2: Asymmetrische Trajektorien – Parametrierung

Trajektorie	$a_{max,des}$	$j_{max,des}$	f_{asym}
Asym. 1	1.39	1.39	1.00
Asym. 2	0.72	0.72	0.00
Asym. 3	1.00	0.80	0.48
Asym. 4	0.8	1.00	0.11

Das Resultat der Trajektorienauslegung zeigt **Abbildung 3.10** in Abhängigkeit vom Weg *s* entlang der Mittellinie der rechten Hauptfahrspur. Das obere Diagramm zeigt den zur Mittellinie orthogonalen Weg *t(s)*, in der Mitte ist die erste und unten die zweite Ableitung, also die Beschleunigung orthogonal zur Fahrspurmittellinie dargestellt. Die abgebildete Fahrsituation zeigt einen Spurwechsel nach links bei 180 km/h auf einer geraden Fahrbahn. Der dynamischere Teil A der asymmetrischen Trajektorien wird in dieser Fahrsituation vor Teil B angewendet. Läge zu Spurwechselbeginn eine konstante positive Querbeschleunigung vor (Linkskurve), würden die beiden Teile in umgekehrter Reihenfolge appliziert, um das globale Beschleunigungsextremum zu minimieren. Siehe dazu Kap. 3.2.1.

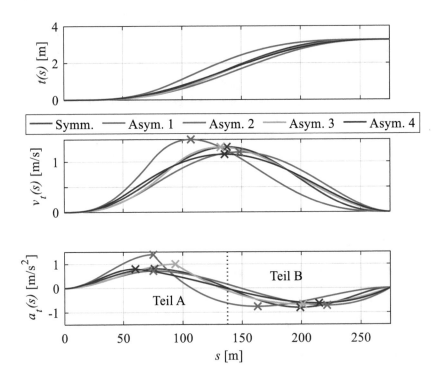

Abbildung 3.10: Spurwechseltrajektorien Charakteristika Probandenstudie, 180 km/h, Spurwechsel nach links, gerade Fahrbahn

Der Stimulus S2 – Lenkungsmodus wird ebenfalls durch das prototypische Fahrzeugführungssystem gestellt. Hierbei wird der Lenkungsmodus zwischen Vorderachs- und Allradlenkung mit dem zusätzlichen Parameter f_{ARL} variiert. Dieser Faktor gibt für den Allradlenkungsmodus an, zu welchem Anteil der Schwimmwinkel zur Verfolgung der Spurwechseltrajektorie genutzt wird. Die verwendeten Abstufungen und die im folgenden verwendeten Kurzbezeichnungen sind **Tabelle 3.3** zu entnehmen. **Abbildung 3.11** zeigt beispielhaft den Verlauf von Gier- und Schwimmwinkel für die vier verwendeten Faktorstufen. Bei Kurvenfahrt entsteht im Vorderachslenkungsmodus ein zusätzlicher, konstanter Schwimmwinkel. Bei Allradlenkung werden Kurven ohne zusätzlichen konstanten Schwimmwinkel durchfahren. Dieser wird in Kurven dauerhaft durch einen leichten gleichsinnigen Lenkeinschlag an der Hinterachse durch den Regler kompensiert.

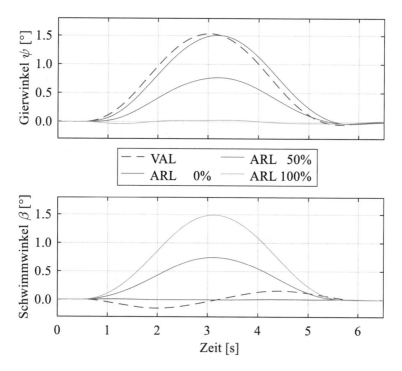

Abbildung 3.11: Lenkungsmodi Charakteristika Probandenstudie, 180 km/h, Spurwechsel nach links, gerade Fahrbahn

Tabelle 3.3: Abstufungen des Stimulus S2 - Lenkungsmodus

Kurzbezeichnung	Lenkungsmodus	f_{ARL}
VAL	Vorderachslenkung	---
ARL 0 %		0,00
ARL 50 %	Allradlenkung	0,50
ARL 100 %		1,00

Durch den Stimulus S3 – Blickrichtung simuliert der Proband zeitweise eine Nebentätigkeit, bei der der Blick vom Fahrgeschehen abgewandt wird. So werden wesentliche Anwendungsfälle hochautomatisierter Fahrfunktionen, wie z.b. das Lesen während der Fahrt abgebildet. Dieser Stimulus wird nur in Studie 2 phasenweise mit der Faktorstufe ‚Eyes Off‘ angewandt. In diesen Versuchsphasen werden die Probanden dazu aufgefordert, dauerhaft auf den Tabletcomputer in ihrem Schoß zu schauen (s. Kap. 3.4.1). Verglichen mit anderen Studie, bei denen auch die kognitive Aufmerksamkeit beispielsweise durch eine Leseaufgabe gefordert wird [57], bleibt hier die Aufmerksamkeit auf die Wahrnehmung der Spurwechsel gerichtet. So wird eine bestmögliche Auflösung der Unterschiede priorisiert. In Studie 1 wird nur die Faktorstufe ‚Eyes On‘ verwendet, bei der die Probanden während der Fahrt nach vorn aus der Windschutzscheibe schauen.

Stimulus S4 – EGO Fahrgeschwindigkeit wird in Studie 1 mit konstant 180 km/h verhältnismäßig hoch gewählt, um die Fahrsituation aus fahrdynamischer Sicht kritischer zu gestalten. In Studie 2 wird diese Faktorstufe zur Validierung wiederholt. Hauptsächlich wird hier die Stufe 120 km/h evaluiert, was einer realistischen Fahrgeschwindigkeit für die Einführung eines SAE Level 4 Systems entspricht.

Stimulus S5 – Fahrbahnkrümmung appliziert neben geraden Strecken konstante Querbeschleunigungen durch Kurvenfahrten mit den Stufen 1,25 m/s² und 2,50 m/s². Es werden für jede Stimuli-Kombination immer sowohl eine Rechts-, als auch eine Linkskurve evaluiert. Die Spurwechsel finden immer bei konstanter Kreisfahrt, nicht in Übergangsbögen, statt. Studie 1 verwendet alle drei Stufen, in Studie 2 entfällt die mittlere Stufe. Details zur Fahrbahn-linienführung sind in Kap. 3.3 zu finden.

Stimulus S6 – Vertikalanregung Fahrbahn versieht die Fahrbahnoberfläche mit einem Perlin-Noise Rauschsignal unterschiedlicher Amplitude. Gegen-über einer glatten Fahrbahn wird dadurch der Realismusgrad der Fahr-simulation deutlich erhöht. Weiterhin können subjektiv wahrnehmbare Ef-fekte durch die Anregung maskiert werden. Eine realistische Fahrbahn-anregung ist daher wichtig um eine Übertragbarkeit von der Simulation auf die Realität sicherzustellen. Die Anregung überträgt sich über das Fahrwerk in den Fahrzeugaufbau und wird damit vom Bewegungssystem des Simula-tors wiedergegeben. Im vorliegenden Fall führt die Anregung vor allem bei Kurvenfahrten und während der Spurwechsel aber auch über die Fahrwerk-kinematik zu lateralen Störungen für den prototypischen Fahrzeugregler. Dieser reagiert darauf im Feed-Back Pfad (siehe Kap. 3.2.3) um die lateralen Abweichungen zu kompensieren. Durch die Auslegung des Folgereglers, die stark auf laterale Abweichungen reagiert, überträgt sich die Vertikalanregung der Fahrbahn hier in besonderer Weise auch auf die Querbewegung des Fahrzeugs. Da der Verlauf der Querbeschleunigung eine der wesentlichen variierten Größen ist, wirkt dieser Stimulus direkt wahrnehmungsmaskierend bzgl. der erwarteten Effekte. In Studie 1 wird der Amplituden-Parameter in den Stufen $\pm 0{,}01$ m und $\pm 0{,}005$ m variiert, was einer schlechten und einer durchschnittlichen Oberfläche für eine deutsche Autobahn entspricht. Da keine signifikanten Wechselwirkungen festgestellt werden konnten, verwen-det Studie 2 ausschließlich die weiter reduzierte Stufe $\pm 0{,}003$ m. Dies ent-spricht einer guten Fahrbahnoberfläche und soll die Streuung im Bewer-tungsergebnis verringern.

Stimulus S7 – Richtung des Spurwechsels besitzt in beiden Studien die Fak-torstufen links und rechts. Es werden immer vollständige Überholmanöver evaluiert. Somit wird dieser Faktor für jede Kombination der anderen Stimuli mit beiden Ausprägungen, also vollfaktoriell, evaluiert.

3.4.3 Versuchsplan

Die im vorhergehenden Kapitel vorgestellten Faktorstufen der Stimuli kön-nen für einen Versuch prinzipiell beliebig kombiniert werden. Ein vollfaktorieller Versuchsplan, der alle möglichen Faktorstufenkombinationen enthält, ist für die geplante Studie aufgrund des hohen Aufwands bei der Durchführung nicht praktikabel. Da es sich bei den meisten Stimuli um kategoriale Variablen mit wenigen Faktorstufen handelt, wird der Versuchsplan ohne Einsatz von komplexen Versuchsplanungsmethoden manuell erstellt. Eine Szene bezeichnet dabei einen Satz von jeweils einer definierten Faktorstufe für jeden Stimulus, also genau einen wohldefinierten Fahrspurwechsel. Ein Block generiert mehrere Szenen, indem jedem Stimulus eine oder mehrere seiner Faktorstufen zugewiesen und diese dann vollfaktoriell kombiniert werden. Durch Auswahl und Priorisierung der Evaluationsziele wird definiert, welche Szenen bzw. Blöcke zur Gegenüberstellung in der Ergebnisanalyse benötigt werden. Anschließend werden Versuchsablaufpläne erstellt, indem die Reihenfolge der Szenen zufällig gewählt wird, um das Entstehen von Reihenfolgeeffekten zu vermeiden [102, 126–128].

Für Studie 1 wird als Hauptevaluationsziel der Komforteinfluss der verschiedenen Spurwechseltrajektorien (S1) und deren Wechselwirkung mit der Fahrbahnkrümmung (S5) gewählt. Block 1 und 2 kombinieren dazu S1 und S5 vollfaktoriell. Block 3 evaluiert in Gegenüberstellung zu Block 1 den Einfluss einer erhöhten Amplitude der vertikalen Fahrbahnanregung (S6). S1 wird dabei nur mit einer Auswahl an Faktorstufen berücksichtigt. Das reduziert den Umfang, während dennoch die Möglichkeit etwaige Wechselwirkungen mit S6 festzustellen erhalten bleibt. Block 4 enthält eine Auswahl an Szenen aus Block 1 ein weiteres Mal, um die Varianz in der Komfortbewertung bei wiederholten Szenen innerhalb eines Probanden analysieren zu können. Die Richtung des Spurwechsels (S7) wird in allen Blöcken voll evaluiert. **Tabelle 3.4** zeigt die Kombinatorik für den Versuchsplan von Studie 1. Die Stimuli der vertikal zu lesenden Blöcke werden innerhalb jedes Blocks vollfaktoriell kombiniert.

Tabelle 3.4:   Studie 1 Kombinatorik Versuchsblöcke

Stimulus	Block 1	Block 2	Block 3	Block 4
S1 - Spurwechseltrajektorie	Sym. / Asym. 1/2	Asym. 3/4	Sym. / Asym. 1/2	Asym. 3/4
S5 - Fahrbahnkr. a_y [m/s²]	0.00 / ± 1.25 / ± 2.50			
S6 - Vertikalanregung [m]	0.005		0.01	0.005
S7 - Richtung Spurwechsel	Links + Rechts			

Studie 1 enthält damit insgesamt 100 Szenen, also Spurwechsel, die in 50 Überholmanövern ausgeführt werden. Aufgrund der zum Durchführungszeitpunkt vorhandenen technischen Möglichkeiten, werden die Szenen nur eingeschränkt randomisiert. Es werden zwei Versuchsablaufpläne abgeleitet, indem Block 3 im Ablauf einmal an den Anfang und einmal an das Ende gestellt wird. Die Szenen der Blöcke 1, 3 und 4 werden zu einem weiteren Block zusammengefasst. Die Reihenfolge der Szenen innerhalb der beiden nun entstandenen Blöcke wird für jeden Versuchsplan randomisiert. Innerhalb einer Rechts-Links-Kurvenkombination (S5) und innerhalb jedes Überholmanövers (S7) bleiben die anderen Stimuli gleich.

Studie 2 wird zeitlich später durchgeführt und berücksichtigt in der Auslegung bereits die Ergebnisse der ersten Studie. Da die Vertikalanregung der Fahrbahn keinen Einfluss gezeigt hat, wird diese nicht weiter variiert, sondern konstant niedrig festgesetzt. Weiterhin wird die mittlere Stufe für die Fahrbahnkrümmung gestrichen, da die gefundenen Haupteffekte für S5 nahezu linear sind und bei größerer Querbeschleunigung deutlicher hervortreten. Hauptsächlich werden in dieser Studie die Einflüsse der neu eingebrachten Stimuli S2 – S4 auf ihren Komforteinfluss hin überprüft. Dies geschieht in der Kombinatorik in den Blöcken 1 – 3 von Studie 2 (siehe **Tabelle 3.5**). Dabei bildet Block 1 die Basisvarianten ab, innerhalb derer bereits der Einfluss der Lenkungsmodi (S2) analysiert werden kann. Block 2 evaluiert diese Szenen mit der höheren Fahrgeschwindigkeit (S4) von 180 km/h. Damit kann der Einfluss von S4 beurteilt werden und weiterhin ist dieser Block mit Teilen der Studie 1 vergleichbar und dient so zur Validierung der Ergebnisse. Block 3 stellt Block 1 dieselben Szenen im S3 Modus Eyes Off entgegen. In Block 4 werden die komfortabelsten Trajektorien für die jeweilige Fahrsituation aus der ersten Studie bei reduzierter Fahrgeschwindigkeit erneut auf ihren Vorteil hin überprüft.

Tabelle 3.5: Studie 2 Kombinatorik Versuchsblöcke

Stimulus	Block 1	Block 2	Block 3	Block 4	
S1 - Spurwechseltrajektorie	Sym.			Asym. 2	Asym. 4
S2 - Lenkungsmodus	VAL + ARL 0% + ARL 50% + ARL 100%				
S3 - Blickrichtung	Eyes ON	Eyes ON	Eyes OFF	Eyes ON	Eyes ON
S4 - Fahrgeschw. [km/h]	120	180	120	120	120
S5 - Fahrbahn. ay [m/s²]	0.00 / ± 2.50			0.00	± 2.50
S7 - Richtung Spurwechsel	Links + Rechts				

Insgesamt enthält Studie 2 damit 96 Szenen in 48 Überholmanövern. Es wird für jeden Probanden automatisiert ein individueller Versuchsablaufplan erstellt, indem die Reihenfolge der Blöcke aus **Tabelle 3.5** und die Reihenfolgen der Szenen innerhalb jedes Blocks zufällig gewählt werden. Dabei wird innerhalb eines Überholmanövers nur S7 variiert. Die restlichen Stimuli behalten ihre Faktorstufe.

In beiden Studien wird den Ablaufplänen eine ca. 10 minütige Einführungsphase vorangestellt. In der Einführungsphase gewöhnen sich die Probanden an die Fahrsituation und an die Simulationsanlage. Die Stimuli werden dabei bereits umfänglich variiert, um die Probanden auf die Bandbreite des Versuchs einzustellen. Auch die Wechsel zwischen Eyes ON und Eyes OFF Phasen werden bei Studie 2 in der Einführungsphase geübt, damit während des produktiven Versuchs dadurch möglichst wenig Ablenkung auftritt. Die Komfortbewertungen, die während der Einführungsphase abgegeben werden, werden in der Ergebnisanalyse nicht berücksichtigt, um anfängliche Eingewöhnungseffekte auszuschließen.

Die Versuchsinhalte sind so geplant, dass ein einzelner Ablaufplan etwa einer Versuchsdauer von 50 Minuten incl. Einführungsphase entspricht. Diese Länge geht mit Erfahrungswerten für das Auftreten von Ermüdungserscheinungen am Stuttgarter Fahrsimulator einher. Wird diese Zeitdauer überschritten, steigt erfahrungsgemäß die Streuung in den Ergebnissen aufgrund der Ermüdung.

3.4.4 Probanden- Stichprobe

Neben der technischen Realisierung der zu testenden Fahrfunktion und der Versuchsablaufplanung werden für die Studie geeignete Probanden benötigt. Als Grundgesamtheit für beide Studien werden die Insassen (Fahrer und Beifahrer) von in Deutschland bewegten PKW zugrunde gelegt. Eine fahrleistungsgewichtete Alters- und Geschlechterverteilung für diese Grundgesamtheit lässt sich aus Studien [129, 130] ermitteln. Das Ergebnis der ermittelten Verteilung bildet die Sollwerte in **Tabelle 3.6** für die beiden Studien mit 46 bzw. 35 Teilnehmern. Weiterhin sind der Tabelle die Verteilungen der tatsächlichen Teilnehmer beider Studien zu entnehmen.

Die Akquisition der Probanden wird durch eine Marktforschungsagentur vorgenommen. Bei dem Vorgehen wird Anonymität sichergestellt. Daten zum Studieninhalt und personenbezogene Daten werden nicht gemeinsam verarbeitet und sind im Nachhinein nicht wieder zuzuordnen.

Tabelle 3.6: Probandenstichprobe – Alters- und Geschlechterverteilung

Alter und Geschlecht [Jahre] [M/W]	Studie 1 (N=46)				Studie 2 (N=35)			
	Soll		Ist		Soll		Ist	
	M	W	M	W	M	W	M	W
20 – 29	4	3	6	3	3	2	3	2
30 – 39	5	3	6	3	4	3	4	3
40 – 49	6	4	5	4	4	3	4	3
50 – 59	7	4	5	4	6	3	6	3
60 – 69	4	3	5	2	3	2	3	2
70 – 79	2	1	2	1	1	1	1	1
Summe	28	18	29	17	21	14	21	14
Anteil	60 %	40 %	63 %	37 %	60 %	40 %	60 %	40 %
Ø Alter	47 Jahre		45 Jahre [24 .. 73]		47 Jahre		47 Jahre [21 .. 73]	

Zur Sicherstellung einer positiven Teilnahmemotivation und Vermeidung von Sprachbarrieren sowie Voreingenommenheit, werden folgende persönliche Eigenschaften bei der Akquisition vorausgesetzt:

- Sprachkenntnisse Deutsch auf C2-Level
- letzte Fahrsimulationsteilnahme länger als 6 Monate zurückliegend
- max. zwei Fahrsimulationsteilnahme in den letzten 12 Monaten
- keine Berufsausübung in der Automobilentwicklung, mit primärer Fahrzeugführungsaufgabe (Berufskraftfahrer, Taxifahrer, ..) oder in der Marktforschung
- aufgeschlossene Persönlichkeit, gegenwärtig nicht arbeitslos (um eine rein monetäre Teilnahmemotivation auszuschließen).

Die Studien enthalten mitunter Fahrgeschwindigkeiten und dynamische Fahrmanöver, die sehr unerfahrene Fahrzeuginsassen überfordern oder beängstigen könnten. Dies wird durch die Verwendung der Fahrsimulatoranlage noch begünstigt. Die Bewertung von kleinen subjektiven Unterschieden im Komfort- und Sicherheitsempfinden erfordert allerdings eine entspannte Gesamtkonstitution der Probanden. Daher werden nur erfahrene Fahrzeugführer als Teilnehmer berücksichtigt, die mit Fahrsituationen auf der Autobahn und hohen Geschwindigkeiten vertraut sind. Dazu werden folgende Kriterien für die Probandenakquise berücksichtigt:

- Besitz einer gültigen Fahrerlaubnis Klasse B
- Jahresfahrleistung min. 6.000 km/Jahr, davon min. 15 % Autobahn
- regelmäßige Fahrten auf der Autobahn (min. 2-mal pro Woche)
- längere Fahrten (> 150 km) auf der Autobahn min. alle 2 Monate
- übliche Reisegeschwindigkeit min. 130 km/h
- übliche Maximalgeschwindigkeit min. 190 km/h
- meistgenutztes Fahrzeug hat min. 100 PS und ist jünger als 12 Jahre
- min. häufige Nutzung von Tempomat oder Abstandsregeltempomat.

Weiterhin werden Restriktionen zu Vorerkrankungen, Körpermaßen und Körpermasse angewendet, um körperliche Gefahren, die von der Simulationsanlage ausgehen können, auszuschließen. So wird beispielsweise sichergestellt, dass alle Personen körperlich in der Lage sind die Kuppel über die Notausgänge zu verlassen. Während der Akquisition der Probanden sowie in der Vorbefragung bei Teilnahme werden persönliche Daten erhoben. Diese werden anonymisiert, sodass eine personenbezogene Verarbeitung nicht möglich ist und den Datenschutzvorschriften entsprochen wird.

4 Ergebnisanalyse Probandenstudie

Zur zielgerichteten Auslegung von Fahrerassistenzfunktionen ist die Kenntnis essentiell, welche subjektiven Empfindungen von welchen objektiv feststellbaren System-Verhaltensweisen ausgelöst werden. Um diesen Zusammenhang für Spurwechselmanöver zu evaluieren, werden Probandenstudien am Stuttgarter Fahrsimulator durchgeführt. In den Studien werden jedem Probanden zahlreiche, vollautomatisierte Fahrspurwechsel präsentiert und das subjektiv empfundene Komfort und Sicherheitsempfinden auf einer zweigeteilten, sieben-stufigen Bewertungsskala erfasst. Die Spurwechsel unterscheiden sich durch die Variation verschiedener Faktoren, von denen die meisten die Fahrdynamik direkt beeinflussen. Nachdem im vorhergehenden Kap. 3 das Studiendesign beschrieben sind, werden in diesem Kapitel die Ergebnisse der Studien detailliert analysiert. Die zentralen Ergebnisse fasst Kap. 5.1 zusammen. Die Einordnung bzgl. bereits vorliegender wissenschaftlicher Kenntnisse erfolgt im folgenden Kap. 5.2.

Es liegen für jeden der insgesamt ca. 7.600 auswertbar bewerteten Spurwechsel zwei Subjektivbewertungen vor. Dabei bezieht sich je eine Bewertung auf den Anfangs- und eine auf den End-Teil des jeweiligen Spurwechsels. Es handelt sich also um ein multifaktorielles und multivariates statistisches Problem, bei dem sieben Faktoren variiert und zwei Antwortvariablen erfasst werden.

Die Auswertung erfolgt in den folgenden Unterkapiteln mit verschiedenen statistischen Methoden. Die Varianzanalyse in Kap. 4.1 gibt Auskunft darüber, ob die Faktorstufe eins oder mehrerer Stimuli in Kombination einen statistisch nachweisbaren Einfluss auf die Subjektivbewertungen hat. Dabei wird allerdings noch keine Aussage getroffen, zwischen welchen Faktorstufen dieser Unterschied festzustellen ist. In Post-Hoc Tests in Kap. 4.2 werden mit nach Faktorstufen gruppierten Bewertungsverteilungen die Einflussgrößen und -richtungen der Stimuli greifbar dargestellt. Die dahinterliegenden Zusammenhänge zwischen objektiven Kriterien, wie beispielsweise der maximalen Querbeschleunigung im Spurwechsel und den subjektiven Bewertungen werden über Korrelationsanalysen in Kap. 4.3 herausgestellt. Abschließend sind in Kap. 4.4 weitere Ergebnisse zur Effektivität und weitere Parameter der Studienmethode angegeben.

© Der/die Autor(en), exklusiv lizenziert an
Springer Fachmedien Wiesbaden GmbH, ein Teil von Springer Nature 2024
C. J. Heimsath, *Insassenkomfort bei hochautomatisierten Fahrspurwechseln*,
Wissenschaftliche Reihe Fahrzeugtechnik Universität Stuttgart,
https://doi.org/10.1007/978-3-658-44210-1_4

4.1 Varianzanalyse

Die Varianzanalyse führt in den Antwortvariablen auftretende Unterschiede (Varianzen) auf faktorbedingte Effekte und zufällig auftretende Streuung zurück. Faktorbedingte Effekte werden durch die Variation einzelner Faktoren (Stimuli) oder durch die Wechselwirkung mehrerer Faktoren in den Studien bewusst als Untersuchungsgegenstand hervorgerufen. Die Grundlagen der Varianzanalyse sind in Kap. 2.6 beschrieben. In diesem Kapitel werden die Methoden der multifaktoriellen (ANOVA) und der multifaktoriellen, multivariaten (MANOVA) Varianzanalyse mit Hilfe der Software MiniTab angewendet. Das Versuchsdesign (s. Kap. 3.4) ist, um den Studienumfang in einem realisierbaren Rahmen zu halten, nicht vollfaktoriell. Es enthält also nicht alle Kombinationsmöglichkeiten für die Abstufungen der einzelnen Faktoren (Faktorstufen), die variiert werden. Die Kombinatorik ist stattdessen auf die zu untersuchenden Thesen zugeschnitten. Da ein vollfaktorieller Datensatz für eine Varianzanalyse allerdings Voraussetzung ist, werden mehrere Analysen durchgeführt und dabei jeweils nur bestimmte Teile des gesamten Datensatzes verwendet. **Tabelle 4.1** zeigt eine Übersicht über die verschiedenen Varianzanalysen und die darin verwendeten Daten und Faktoren. Die Datenauswahl erfolgt nach den Versuchsblöcken aus dem Studiendesign (s. **Tabelle 3.4** und **Tabelle 3.5**).

Tabelle 4.1:   Varianzanalysen - verwendete Daten und Evaluationsziele

Varianzanalyse	Studie	Blöcke	Faktoren (Stimuli)
1-1	Studie 1	1, 2, 4	S1, S5, S7
1-2	Studie 1	1, 3	S1, S5, S6, S7
2-1	Studie 2	1, 2, 3, 4	S2, S5, S7
2-2	Studie 2	1, 3	S2, S3, S5, S7
2-3	Studie 2	1, 2	S2, S4, S5, S7
2-4	Studie 2	1, 4	S1, S2, S5, S7

Diese Blöcke sind für die Auswertung bzgl. einzelner Faktoren erstellt, so-dass die Teildatensätze eine vollfaktorielle Kombinatorik für diese Faktoren enthalten. Die anderen Faktoren liegen in den Teildatensätzen dann nur in ei-ner Stufe vor und werden in diesem Teil der Untersuchung nicht variiert.

Zur Durchführung der Varianzanalysen werden die notwendigen Voraus-setzungen geprüft. Die Intervallskalierung und die voneinander unabhängige Aufnahme der Daten wird durch den randomisierten Studienaufbau und die verwendete Bewertungsskala garantiert. Die Voraussetzungen nach Normal-verteilung und Varianzhomogenität werden in der Software MiniTab geprüft und sind nur an einzelnen Stellen in der Analyse leicht verletzt. Die Verletz-ung der Normalverteilung ist auf die verwendete Skala zur Subjektivbewer-tung in Verbindung mit den insgesamt als recht komfortabel bewerteten Fahrsituationen zurückzuführen. Die Verteilung ist daher am oberen Ende der Skala in einigen Faktorgruppen abgeschnitten. Die Varianzhomogenität ist nur in einzelnen Faktorgruppen verletzt. Die ist vor allem in Verbindung mit der Trajektorie Asym. 1 der Fall, deren Bewertungen negativ aus dem Gesamtbild herausstechen und eine höhere Varianz aufweisen. Die verwen-deten statistischen Methoden reagieren auf diese Verletzungen robust. Bei der Interpretation der Ergebnisse wird zudem mit mehreren Methoden plausi-bilisiert und die Signifikanz der interpretierten Ergebnisse liegt deutlich über dem angesetzten Signifikanzniveau. Diese Voraussetzungsverletzung kann daher akzeptiert werden. Die Pearson-Korrelationen zwischen den beiden Antwortvariablen liefern für alle Analysen $p < 0,000$ mit Koeffizienten im Bereich $R = 0,45 \ldots 0,64$. Damit ist die Voraussetzung einer moderaten Korrelation gegeben und alle Voraussetzungen für die Datenanalyse sind er-füllt. Die multivariate Varianzanalyse wird nach der allgemein üblichen Me-thode nach Wilks durchgeführt.

Die Ergebnisse der Varianzanalysen sind wegen deren Umfang tabellarisch im Anhang in Kap. A1 aufgeführt. Daher werden hier nur die wesentlichen Ergebnisse der Analyse zusammengefasst dargestellt. Die dahinterstehenden Effekte werden im folgenden Kap. 4.2 herausgearbeitet und anschaulich dar-gestellt. **Tabelle 4.2** zeigt eine Übersicht der Ergebnisse aus den Varianz-analysen. Dabei werden die Maximalwerte für p angegeben, die über alle Va-rianzanalysen mit für den jeweiligen Faktor ermittelt werden. p_1 bezieht sich auf die Bewertung des Spurwechselbeginns, p_2 auf das Spurwechselendes. Für die MANOVA wird nur ein Maximalwert für p angegeben, der beide Antwortvariablen berücksichtigt.

Tabelle 4.2:   Varianzanalysen - Ergebnisübersicht

Multifaktorielle Varianzanalysen	ANOVA		MANOVA
	$p_{1,max}$	$p_{2,max}$	p_{max}
S1 - Spurwechseltrajektorie	0,00	0,00	0,00
S2 – Lenkungsmodus	0,83	0,99	0,91
S3 – Blickrichtung	0,01	0,00	0,00
S4 – Fahrgeschwindigkeit	0,05	0,80	0,10
S5 – Fahrbahnkrümmung	0,01	0,00	0,00
S6 – Vertikalanregung	0,31	0,09	0,24
S7 - Richtung d. Spurwechsels	0,25	0,00	0,00
S5 * S7	0,43	0,00	0,00
S1 * S5 * S7	0,45	0,01	0,00

Die Tabelle enthält alle Haupteffekte und ausgewählte Interaktionseffekte. Dabei konnten für die Faktoren S1, S3 und S5 signifikante Haupteffekte festgestellt werden. Die Variation dieser Faktoren zeigt also einen direkten Einfluss auf die Subjektivbewertung sowohl für den Spurwechselanfang als auch das -ende. Für S2, S4 und S6 konnten hingegen keine signifikanten Effekte gefunden werden. Für den Faktor S7 konnte in zwei von sechs ANOVAs nur für die zweite Antwortvariable ein signifikanter Einfluss festgestellt werden. Die Variation dieses Faktors wirkt sich also isoliert nur auf die Bewertung des Spurwechselendes aus. In allen anderen ANOVAs sowie in der MANOVA zeigt sich ein signifikanter Haupteffekt auf beide Antwortvariablen. Ähnlich verhält es sich für die am Tabellenende aufgeführten Interaktionseffekte. Ein Interaktionseffekt beschreibt die Auswirkung einer kombinierten Änderung mehrerer Faktoren auf die Subjektivbewertung. Für S5*S7 konnte in einer von sechs ANOVAs kein signifikanter Effekt in der Bewertung des

Spurwechselanfangs gefunden werden. Bei S1*S5*S7 war dies in einer von drei Analysen der Fall. In den MANOVAs zeigen sich für beide Interaktionseffekte signifikante Ergebnisse. Bei den ausgewählten Interaktionen handelt es sich um die Kombination aus Fahrbahnkrümmung, Spurwechselrichtung und im zweiten Fall auch der Spurwechseltrajektorie. Die erste Interaktion erfasst die Unterscheidung zwischen Spurwechseln nach Kurveninnen und Kurvenaußen. Vor allem die Subjektivbewertung für das Spurwechselende ist also signifikant anders, wenn die Fahrspur in der Kurve nach innen statt nach außen gewechselt wird. Die zweite Interaktion ist geeignet, um die Hypothese aus Kap. 3.2.1 zu untersuchen, die eine fahrsituationsabhängige Komfortverbesserung durch die Wahl der Spurwechseltrajektorie erwartet. Hier wird bestätigt, dass die Wahl der Trajektorie sich in unterschiedlichen Fahrsituationen anders auf die Komfortbewertung auswirkt. Eine bestimmte Trajektorie kann also beispielsweise auf einer gerade Fahrbahn eine andere Auswirkung auf den Komfort haben als in einer Kurve.

Zur Interpretation des Faktors S7 – Richtung des Spurwechsels ist zu erwähnen, dass es sich hierbei auch um einen unbeabsichtigten Reihenfolgeeffekt oder einen Effekt in Folge unterschiedlicher Randbedingungen handeln kann. In dem verwendeten Versuchsaufbau konnte die Spurwechselrichtung nicht beliebig variiert werden. Da die Spurwechsel in Überholmanöver eingebettet sind, erfolgt immer zuerst ein Spurwechsel nach links, dann wird eine Fahrzeugkolonne überholt und danach folgt der Spurwechsel nach rechts zurück auf die erste Hauptfahrspur. Weiterhin befinden sich beim Spurwechsel nach links Fremdverkehrsfahrzeuge vor dem EGO-Fahrzeug in der Fahrspur. Die Gesamtsituation könnte also kritischer wahrgenommen werden, als beim Spurwechsel nach rechts, wo nach vorne kein Fremdverkehr zu sehen ist.

Die unterschiedlichen Ergebnisse von ANOVA und MANOVA bei den Interaktionseffekten sind üblich. Die MANOVA ist die stärke Testmethode. Sie ist sensitiver, da beide Antwortvariablen berücksichtigt werden und so die Spurwechselwahrnehmung als Gesamtproblem vollständig erfasst werden kann. Daher kann das Ergebnis für die Kombination beider Antwortvariablen also den Gesamtsachverhalt als signifikant angesehen werden.

In der hier durchgeführten Varianzanalyse besteht die Möglichkeit der Modellreduktion. Dies erhöht die Sensitivität des Tests und liefert damit tendenziell signifikantere Ergebnisse. Bei der Modellreduktion werden nicht signifikante Faktoren aus der Analyse entfernt. Damit wird die Anzahl der Faktorgruppen K kleiner, infolge dessen der Freiheitsgrad $df_w = N - K$ größer und damit p eher signifikant. Bezüglich der im Modell verbleibenden Faktoren liefert diese Art der Analyse signifikantere Ergebnisse, was hier genutzt werden könnte, um die nicht vollständig signifikanten Analysen in den Signifikanzbereich zu bringen. Im vorliegenden Fall ist die Gesamtzahl der Stichproben N gegenüber K bereits sehr groß, sodass dieser Effekt nicht relevant ist. Weiterhin kann alternativ eine Varianzanalyse mit Berücksichtigung der Messwiederholung durchgeführt werden. Diese Analyse berücksichtigt, dass in dieser Studie von jedem Probanden mehrere Messdatenpunkte erfasst werden. Mit dieser Information kann die Fehlervarianz SS_w um jenen Anteil reduziert werden, der auf Unterschiede zwischen den Probanden zurückzuführen ist. Dieser Anteil wird dann als erklärbarer Fehler weder dem Effektanteil, noch dem Fehleranteil zugerechnet. Somit kann im Gegensatz zur verwendeten Methode eine höhere Signifikanz im Test erzielt werden. Da die einfache Methode ein ausreichend klares und erklärbares Ergebnis liefert, wird auf den Einsatz weiterer Varianzanalysen verzichtet.

4.2 Komforteinfluss nach Faktoren (Post-Hoc Analysen)

Im vorhergehenden Kapitel wird mittels Varianzanalyse festgestellt, welche Faktoren die Komfortbewertungen in den Probandenstudien signifikant beeinflussen. Um die gefundenen Effekte im Sachzusammenhang zu interpretieren werden in diesem Kapitel sogenannte Post-Hoc Tests durchgeführt. Diese Tests liefern die zusätzliche Information, zwischen welchen Stufen eines Faktors (Faktorgruppen) sich die Komfortbewertung in welcher Richtung unterscheidet. Um dabei möglichst nachvollziehbar und anschaulich vorzugehen, werden Verteilungsdarstellungen und deren Interpretation als Post-Hoc Test gewählt. In diesen Darstellungen ist die Verteilung aller einzelnen Komfortbewertungen ersichtlich, die zu einer bestimmten Faktorstufe aufgenommen wurden. Zusätzlich werden deren Mittelwerte und die zugehörigen 95%-Konfidenzintervalle dargestellt. Nach der statistischen Beurteilung der vorliegenden Studien befindet sich also der wahre Mittelwert mit einer Sicherheit von 95% innerhalb dieses Intervalls. **Abbildung 4.1** erläutert die Darstellungsweise, wie sie in den folgenden Abbildungen verwendet wird. Nachdem die Varianzanalyse ein signifikantes Ergebnis bezüglich eines oder mehrerer Faktoren geliefert hat, kann in dieser Darstellung abgelesen werden, zwischen welchen Faktorgruppen der Unterschied in welcher Richtung besteht und wie groß dieser ist. Ein Unterschied zwischen zwei Gruppen ist dann signifikant, wenn sich die Konfidenzintervalle für die Mittelwerte nicht überschneiden. Dann lässt sich mit einer Irrtumswahrscheinlichkeit von 5 % (α-Fehler-Niveau) sagen, dass sich die wahren Mittelwerte dieser beiden Gruppen unterscheiden. Beispielsweise führt also die Wahl einer bestimmten Trajektorie Y anstelle von Trajektorie X zu einer besseren bzw. schlechteren Komfortbewertung.

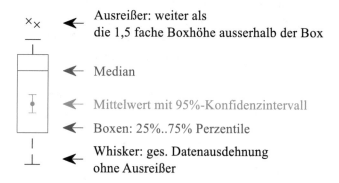

Abbildung 4.1: Erläuterung Elemente Verteilungsdiagramme , Prinzipskizze

Die folgenden Unterkapitel widmen sich jeweils den Effekten und Interaktionseffekten verschiedener Faktoren auf die Antwortvariablen. Es werden jene Effekte näher beleuchtet, die sich in der Varianzanalyse als signifikant herausgestellt haben und sinnvoll interpretierbar sind.

Die Antworten aus der Probandenstudie erfassen je Spurwechsel das Komfort- und Sicherheitsempfinden getrennt für den Anfangs- bzw. Endteil des Spurwechsels. Um den Sachverhalt geeignet zu erfassen, werden die beiden erfassten Antworten für die Darstellung wie folgt weiterverarbeitet:

- Mittelwert zwischen beiden Bewertungen je Spurwechsel, um den Gesamteindruck eines Spurwechsels in einer Variablen zu erfassen,
- Zuordnung von Anfangs- und End-Bewertung zu den beiden charakteristischen Trajektorienteilen (A, B) (siehe Kap. 3.2.1),
- Bildung einer Bewertungssteigung ($y_B - y_A$) nach zuvor genannter Neuzuordnung, um die Homogenität des Subjektiveindrucks innerhalb eines Spurwechsels zu charakterisieren.

4.2.1 Spurwechseltrajektorie und Fahrsituation

Der erste Faktor und Hauptgegenstand der Untersuchung sind fünf verschiedene Spurwechseltrajektorien. Dabei kommen neben einer symmetrischen Variante vier asymmetrische Trajektorien zum Einsatz. Jede asymmetrische Trajektorie besitzt zwei charakteristische Teile, die je nach Fahrsituation in Ihrer Reihenfolge vertauscht werden. Die genaue Applikation der einzelnen Trajektorien ist Kap. 3.4.2 zu entnehmen. **Abbildung 4.2** zeigt die Verteilung der Bewertungsmittelwerte aus Studie 1 gruppiert nach Trajektorien. In der Abbildung werden zur Vergleichbarkeit, wie in der zugehörigen Varianzanalyse 1-1 die Daten aus den Versuchsblöcken 1, 2 und 4 verwendet, also nur Stichproben mit geringer Fahrbahnanregung.

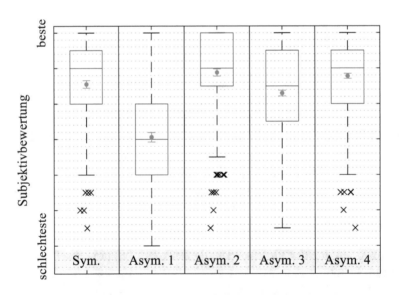

Abbildung 4.2: Bewertungsverteilung nach Spurwechseltrajektorien , Studie 1, Datenbasis 1-1, geringe Fahrbahnanregung

Es unterscheiden sich alle Gruppen signifikant voneinander mit Ausnahme des Vergleichs zwischen Asym. 2 und Asym. 4. In der weiteren Ergebnisanalyse zeigt sich, dass die Variante Asym. 2 bei Fahrsituationen auf geradem Streckenverlauf und Asym. 4 in Kurven durchschnittlich die beste Subjektivbewertung erhält. Dieser Zusammenhang wird in Studie 2 mit geringerer Fahrgeschwindigkeit (120 km/h statt 180 km/h) erneut evaluiert. **Abbil-**

dung 4.3 zeigt das Ergebnis der erneuten Untersuchung in Studie 2 anhand der Bewertungsmittelwerte. Die zugehörigen Varianzanalyse 2-4 ist signifikant bezüglich des Faktors und die Darstellung bestätigt den positiven Einfluss der asymmetrischen Trajektorien, wie in Studie 1. Da bezüglich des der in Studie 2 anders gewählten Fahrgeschwindigkeit kein Effekt oder Nebeneffekt festgestellt werden kann ist diese Aussage ohne Einschränkung gültig. Weiterhin ist der Abbildung zu entnehmen, dass Spurwechsel in Kurven generell signifikant unkomfortabler wahrgenommen werden als bei Fahrsituationen auf gerade Fahrbahn.

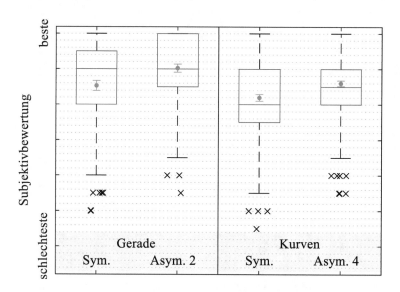

Abbildung 4.3: Bewertungsverteilung nach Spurwechseltrajektorien und Fahrbahnkrümmung, Studie 2, Datenbasis 2-4, 120 km/h, Eyes On

Tiefergehende Informationen liefert **Abbildung 4.4**, in der nach zugeordneten Einzelbewertungen für die Tajektorienteile gruppiert wird. Zur Vergleichbarkeit wird in dieser Abbildung, sowie in der darauffolgenden die Datenbasis aus Varianzanalyse 1-1 der Studie 1 verwendet. Es lässt sich der Unterschied zwischen beiden Manöverteilen und die Homogenität der Bewertung innerhalb des Manövers erkennen. Der Bewertungsunterschied zwischen den Teilen ist sowohl von der Fahrsituation, als auch von der Trajektorienwahl abhängig. In Kurven wird Teil B, in dem die Querbeschleunigung in Kurvenrichtung erhöht wird, schlechter bewertet als Teil A. Auf Geraden erhält dagegen der Anfangsteil A schlechtere Komfortbewertungen. Im Falle der Trajektorienvariante Asym. 4 ist es gelungen, für Fahrsituationen in Kurven, eine nahezu homogene Bewertung zwischen beiden Spurwechselteilen zu erzielen. Dies geht weiterhin mit der besten Bewertung im Mittelwert (zwischen beiden Teilen) einher.

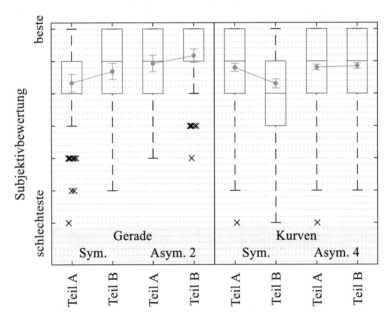

Abbildung 4.4: Bewertungsverteilung nach Spurwechseltrajektorienteil und Fahrbahnkrümmung, Studie 1, Datenbasis 1-1, geringe Fahrbahnanregung

Dieser Zusammenhang lässt sich in der Datenbasis 1-1 auch anhand einer Korrelationsanalyse zwischen der betragsmäßigen Bewertungssteigung ($|y_B - y_A|$) und dem Mittelwert ($\frac{y_A + y_B}{2}$) zeigen. Der Pearson Korrelationskoeffizient ergibt einen moderaten Zusammenhang (R = -0,38, p < 0,000). Eine homogenere Subjektivbewertung innerhalb eines Spurwechsels geht also mit einem insgesamt besseren Komfort einher. Die Interaktion von Fahrsituation und Trajektorienwahl auf die Steigung in der Subjektivbewertung ($y_B - y_A$) zeigt die **Abbildung 4.5** vollständig für alle Gruppen. Die Linien, die die Mittelwerte benachbarter Gruppen miteinander verbinden verlaufen weitestgehend parallel. Damit handelt es sich um zwei superpositionierte Haupteffekte von Fahrsituation und Trajektorienwahl auf die Bewertungssteigung. Diese Effekte wirken unabhängig voneinander und überlagern sich bei gleichzeitigem Auftreten. Daher können diese Effekte im Folgenden auch unabhängig voneinander interpretiert werden.

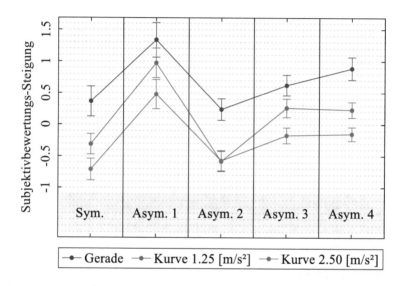

Abbildung 4.5: Mittelwerte der Bewertungssteigung nach Spurwechseltrajektorien und Fahrbahnkrümmung, Studie 1, Datenbasis 1-1, geringe Fahrbahnanregung

Je stärker eine Kurve (S5), desto niedriger ist die Steigung in der Subjektivbewertung $(y_B - y_A)$. Der Faktor Spurwechselrichtung (S7) fließt hier über die Zuordnung der Bewertungen von Anfangs- (y_1) und Endphase (y_2) zu den beiden Trajektorienteilen $(y_A$ und $y_B)$ ein (siehe Kap. 3.2.1). Teil B (y_B) ist dabei der Teil, in dem die konstante Querbeschleunigung der Kurve durch den Spurwechsel überhöht wird. Wie zu erwarten wird dieser Teil mit steigender Kurvenbeschleunigung gegenüber Teil A schlechter bewertet. Die Wahl der Spurwechseltrajektorie (S1) hat ähnlich starken Einfluss auf die Bewertungssteigung, sodass der Kurven-Effekt durch geeignete Wahl kompensiert werden kann. Welche Eigenschaft der Spurwechseltrajektorien diesen Effekt auslöst, wird in Kap. 4.3 näher beleuchtet.

Abbildung 4.6 betrachtet den Interaktionseffekt zwischen Spurwechsel-trajektorie (S1) und Fahrbahnkrümmung (S5) auf die gemittelte Gesamt-bewertung ($\frac{y_A + y_B}{2}$) je Spurwechsel.

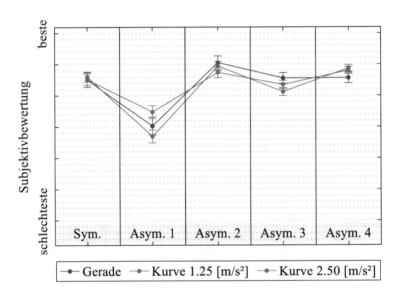

Abbildung 4.6: Mittelwerte der Gesamtbewertungen nach Spurwechseltra-jektorien und Fahrbahnkrümmung, Studie 1, Datenbasis 1-1, geringe Fahrbahnanregung

In Kombination mit vorhergehender Abbildung wird somit der gesamte In-teraktionseffekt S1*S5*S7 auf beide Antwortvariablen erfasst. In **Abbil-dung 4.6** überlappen sich die Konfidenzintervalle der Mittelwerte in den meisten Fällen sowohl innerhalb, als auch zwischen den Gruppen. Ein Inter-aktionseffekt mit klarer Richtung lässt sich für die Gesamtbewertung daher nicht erkennen.

Der detaillierte Effekt einer an die Fahrsituation angepassten Trajektorie zeigt sich also vorwiegend in der Homogenität der Komfortempfindung über das Manöver (s. **Abbildung 4.5**). Werden die richtigen Trajektorien den je-weiligen Fahrsituationen zugeordnet, lässt sich damit nicht nur die Homo-genität des Komforts, sondern auch der Gesamtkomfort steigern (s. **Abbil-dung 4.3**).

4.2.2 Blickrichtung

Der Faktor Blickrichtung (S3) zeigt sowohl als Haupteffekt, als auch als Interaktionseffekt S3*S5*S7 signifikante Ergebnisse in der Varianzanalyse. **Abbildung 4.7** zeigt den Haupteffekt auf Datenbasis 2-2. Das Abwenden des Blicks von der Fahrbahn resultiert in einer schlechteren Gesamtkomfortbewertung. Interaktionseffekte auf die Gesamtbewertung bezüglich der Faktoren Fahrbahnkrümmung (S5) und Spurwechselrichtung (S7) sind, ähnlich wie im vorhergehenden Kapitel, nicht festzustellen.

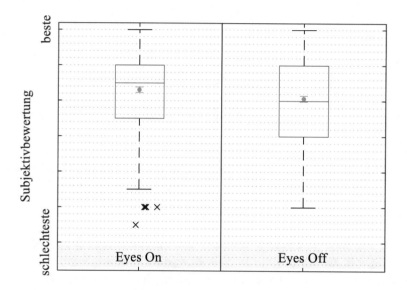

Abbildung 4.7: Gesamtbewertungsverteilung nach Blickrichtung Studie 2, 120 km/h, symmetrische Trajektorie

Zur vollständigen Analyse des Interaktionseffekts S3*S5*S7 stellt **Abbildung 4.8** die Steigung in der Subjektivbewertung ($y_B - y_A$) dar. Die Kombination der Faktoren Fahrbahnkrümmung (S5) und Spurwechselrichtung (S7) erfolgt dabei für Kurven über die Zuordnung der Spurwechsel (SW) nach kurveninnen oder kurvenaußen. Es ist festzustellen, dass sich der Unterschied in der Bewertungssteigung zwischen Fahrsituationen auf Geraden und in Kurven mit Abwenden des Blicks von der Windschutzscheibe verringert. Die richtungsabhängigen Einflüsse von Fahrbahnkrümmungen auf die Komforthomogenität während des Spurwechsels werden also bei Ablenkung weniger stark wahrgenommen.

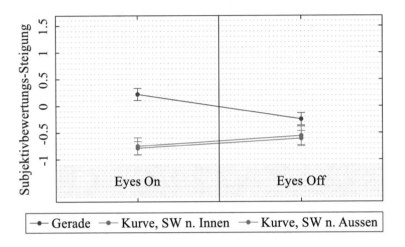

Abbildung 4.8: Mittelwerte der Bewertungssteigung nach Blickrichtung, Fahrbahnkrümmung und Spurwechselrichtung (SW), Studie 2, 120 km/h, symmetrische Trajektorie

Es lässt sich zusammenfassen, dass mit dem Abwenden des Blicks von der Fahrbahn, z.B. zur Ausübung von Nebentätigkeiten, ein insgesamt schlechteres Komfort- und Sicherheitsempfinden einhergeht. Der richtungsabhängige Effekt von gekrümmten Fahrbahnen auf die Komforthomogenität im Manöver wird weniger stark differenzierbar wahrgenommen.

4.3   Subjektiv-Objektiv-Korrelation

In den vorhergehenden Kapiteln ist mittels Varianzanalyse und Post-Hoc Tests der Einfluss der untersuchten Faktoren auf das subjektive Komfort- und Sicherheitsempfinden nachgewiesen worden. In diesem Kapitel werden die signifikanten Effekte auf den Komfort mittels Korrelationsanalyse weiter bezüglich ihrer Wirkmechanismen analysiert. Die fünf verwendeten Spurwechseltrajektorien können nicht nur anhand ihres Typs (Sym bzw. Asym 1 bis 4) objektiv unterschieden werden, sondern auch anhand ihrer dynamischen Eigenschaften, die gezielt ausgelegt wurden. Hierzu werden in Anlehnung an die Auslegung in Kap. 3.4.2 unterschiedliche Kriterien entworfen. Es werden die lokalen Extrema der Quergeschwindigkeit v_y, Querbeschleunigung a_y und des Querrucks j_y, sowie deren Differenzen und Auftrittszeitpunkte verwendet. Die Objektivkriterien können in **Abbildung 3.10** für Quergeschwindigkeit und Querbeschleunigung grafisch nachvollzogen werden. Die Subjektivbewertungen werden je nach Analyse als einzelne Antworten, Mittelwert aus Anfangs- und Endteil eines einzelnen Spurwechsels, oder als Differenz zwischen den beiden Teilen verwendet. Bezüglich der Subjektivbewertung bzw. der Objektivkriterien wird folgende Nomenklatur verwendet:

- $\hat{x}_{1..3}$ – 1. bis 3. lokales Extremum der Variable x im Spurwechsel
- $a_{y,k}$ – Querbeschleunigung bereinigt um Kurvenbeschleunigung
- $y_{1/2}$ – Subjektivbewertung für Spurwechselanfang bzw. -ende
- $y_{A/B}$ – Subjektivbewertung zugeordnet zu Trajektorienteil A/B.

Es werden Hypothesen über den Zusammenhang zwischen den entwickelten Objektivkriterien und den Subjektivbewertungen aufgestellt und überprüft. **Tabelle 4.3** zeigt die Hypothesen und das Ergebnis der zugehörigen Korrelationsanalysen mit Signifikanzen für die Objektivkriterien der Trajektorieneigenschaften. Für jede aufgeführte Kombination von Objektiv- und Subjektivkriterien wird ein Zusammenhang erwartet. Die zur Analyse verwendete Datenbasis ist Auswahl 1-1 (Studie 1), wie in **Tabelle 4.1** ausgeführt. In dieser Datenauswahl werden die variierten Faktoren mit allen Stufen vollständig miteinander kombiniert. Dies ist Voraussetzung für eine aussagekräftige Korrelationsanalyse. In der Tabelle sind zu besserer Übersicht nicht signifikante Ergebnisse nach α-Niveau 0,05 für p dunkelgrau gekennzeichnet. Leichte und moderate Effekte sind für r in hellgrau bzw. dunkelgrau markiert.

Tabelle 4.3:   Korrelationen Subjektivbewertung vs. Objektivkriterien Spurwechseltrajektorie

Bewertung	Objektivkriterium	Pearson r	p
y_1	$\lvert \hat{a}_{y,1,k} \rvert$	-0,34	0,00
y_2	$\lvert \hat{a}_{y,2,k} \rvert$	-0,32	0,00
$y_1 - y_2$	$\lvert \hat{a}_{y,1,k} \rvert - \lvert \hat{a}_{y,2,k} \rvert$	-0,28	0,00
$\frac{y_1+y_2}{2}$	$\left\lvert \lvert \hat{a}_{y,1,k} \rvert - \lvert \hat{a}_{y,2,k} \rvert \right\rvert$	-0,39	0,00
$\frac{y_1+y_2}{2}$	$\max(\lvert \hat{a}_{y,1,k} \rvert; \lvert \hat{a}_{y,2,k} \rvert)$	-0,42	0,00
$y_B - y_A$	$\max(\lvert \hat{a}_{y,1,k} \rvert; \lvert \hat{a}_{y,2,k} \rvert)$	0,27	0,00
$\frac{y_1+y_2}{2}$	$\max(\lvert \hat{a}_{y,1} \rvert; \lvert \hat{a}_{y,2} \rvert)$	-0,00	0,81
y_1	$\lvert \hat{j}_{y,1} \rvert$	-0,23	0,00
y_1	$\lvert \hat{j}_{y,2} \rvert$	-0,35	0,00
y_2	$\lvert \hat{j}_{y,2} \rvert$	-0,38	0,00
y_2	$\lvert \hat{j}_{y,3} \rvert$	-0,16	0,00
$y_1 - y_2$	$\lvert \hat{j}_{y,1} \rvert - \lvert \hat{j}_{y,2} \rvert$	-0,15	0,00
$y_1 - y_2$	$\lvert \hat{j}_{y,2} \rvert - \lvert \hat{j}_{y,3} \rvert$	-0,09	0,00
$y_1 - y_2$	$\lvert \hat{j}_{y,1} \rvert - \lvert \hat{j}_{y,3} \rvert$	-0,29	0,00
$\frac{y_1+y_2}{2}$	$\max(\lvert \hat{j}_{y,1} \rvert; \lvert \hat{j}_{y,2} \rvert; \lvert \hat{j}_{y,3} \rvert)$	-0,42	0,00
$y_B - y_A$	$\max(\lvert \hat{j}_{y,1} \rvert; \lvert \hat{j}_{y,2} \rvert; \lvert \hat{j}_{y,3} \rvert)$	0,18	0,00

Bewertung	Objektivkriterium	Pearson r	p
$y_B - y_A$	f_{asym}	0,23	0,00
$\frac{y_1 + y_2}{2}$	f_{asym}	-0,45	0,00

Bis auf eine Ausnahme (p rot hinterlegt) konnten alle Hypothesen mit unterschiedlicher Effektstärke signifikant bestätigt werden. Ein Effekt ist vernachlässigbar klein (r weiß hinterlegt), je acht Effekte sind leicht bzw. moderat.

Die moderaten Effekte entfallen alle auf Analysen, in denen als Subjektivkriterium die Bewertung eines einzelnen Trajektorienteils oder die Gesamtbewertungen $\frac{y_1 + y_2}{2}$ genutzt wird. Durchschnittlich nur etwa halb so stark zeigen sich die Effekte auf die Subjektivbewertungssteigung zwischen den beiden Teilen des Spurwechselmanövers. Änderungen an Dynamikparametern der Trajektorie wirken sich also stärker auf den Gesamtkomfort aus, als auf die Homogenität des Komforts über das Spurwechselmanöver. Obwohl im vorhergehenden Kapitel gezeigt wird, dass die Probanden in der Lage sind, die beiden Teile eines Spurwechsels bei der Komfortbewertung zu trennen, gibt es eine Wechselwirkung zwischen den beiden Teilen. Das bedeutet beispielsweise, dass die Änderung eines objektiven Kriteriums im Teil A nicht nur isoliert die Komfortbewertung für Teil A, sondern auch die Bewertung für Teil B beeinflusst. Dieser Kreuzeinfluss ist etwa halb so stark, wie der direkte Einfluss auf den betreffenden Manöverteil.

Die objektiven Kriterien berücksichtigen Extrempunkte aus Querbeschleunigung und Querruck bzw. daraus abgeleitete Größen. Konstante Querbeschleunigungen in Kurven werden in den Kriterien herausgerechnet. Für Beschleunigungs- und Ruckkriterien zeigen sich in der Korrelationsanalyse Effekte auf den Komfort in etwa gleicher Größenordnung. Das größte Beschleunigungs- bzw. Ruckextremum der Trajektorie hat jeweils einen moderaten Einfluss auf den Gesamtkomfort und einen leichten Einfluss auf die Komforthomogenität. Je größer die Extremwerte, desto schlechter ist der Gesamtkomfort und desto inhomogener wird der Komfort innerhalb des Manövers empfunden. Die Komforthomogenität wird durch die Differenzen zwischen den beiden Extrempunkten in der Querbeschleunigung bzw. den beiden äußeren Extrempunkten im Querruck besonders gut approximiert. Je asymmetrischer die Spurwechseltrajektorie ausgelegt wird, desto inhomogener wird sie auch wahrgenommen. Je größer ein Beschleunigungs- oder Ruckextremum, desto schlechter der Komfort in diesem Manöverteil. Der für die Planung der asymmetrischen Trajektorien eingeführte Faktor f_{asym} beschreibt die Komforthomogenität etwa genauso gut, wie die Extrempunktdifferenzen. Inhaltlich beschreibt dieser Faktor das Dynamikverhältnis zwischen den beiden Manöverteilen und damit annähernd denselben Zusammenhang.

Keinen signifikanten Effekt auf den Gesamtkomfort zeigte hingegen das absolute Beschleunigungsextremum (in **Tabelle 4.3** rot hinterlegt). Hierbei wurde der Beschleunigungsparameter im Gegensatz zu den anderen Kriterien nicht um die Kurvenbeschleunigung bereinigt. Der Einfluss der Fahrbahnkrümmung bzw. der dadurch erzeugten konstanten Querbeschleunigung auf den Gesamtkomfort scheint also gering zu sein. Die folgende Analyse berücksichtigt zur Bestätigung diese These die Fahrbahnkrümmung als Objektivkriterium.

Analog zur Betrachtung des Faktors S1 – Spurwechseltrajektorie kann der Faktor S5 – Fahrbahnkrümmung mittels Korrelationsanalyse näher betrachtet werden. **Tabelle 4.4** zeigt die Korrelationen und zugehörigen Signifikanzen zwischen Subjektivbewertung und dem Betrag der Fahrbahnkrümmung K. Für diese Analyse wird der vollständige Datensatz aus beiden Studien verwendet, da dies die umfassendste Datenbasis ist, die die Anforderungen der Korrelationsanalyse erfüllt. Es zeigt sich eine leichte Korrelation bezüglich der Bewertungssteigung und ein vernachlässigbar kleiner Zusammenhang zur Gesamtbewertung. Mit steigender Krümmung, also höherer Kurvenbeschleunigung wird Teil A gegenüber Teil B, wie erwartet, besser bewertet. Teil B ist immer derjenige Teil des Spurwechsels, in dem die konstante Kurvenbeschleunigung vergrößert wird. Bei einem Spurwechsel nach kurveninnen handelt es sich also um den Anfangsteil und bei einem Spurwechsel nach außen um den Endteil.

Tabelle 4.4: Korrelationen Subjektivbewertung vs. Fahrbahnkrümmung

Bewertung	Objektivkriterium	Pearson r	p
$y_B - y_A$	$|K|$	-0,27	0,00
$\frac{y_1+y_2}{2}$	$|K|$	-0,08	0,00

Der Effekt aufgrund der Fahrbahnkrümmung ist etwas kleiner als jene Effekte, die durch die Trajektorienwahl erzielt werden können. Die bewusste, fahrsituationsabhängige Wahl einer asymmetrischen Spurwechseltrajektorie erweist sich also auch in dieser Detailanalyse als ein geeignetes Mittel, um Komfortminderungen durch Fahrspurwechsel in Kurven entgegenzuwirken.

4.4 Wirksamkeit der Studienmethode

Neben den inhaltlichen Ergebnissen der vorhergehenden Kapitel wird in diesem Kapitel kurz die angewandte Studienmethode reflektiert. Insgesamt führte der Studienaufbau für den überwiegenden Teil der erwarteten Punkte zu signifikanten Ergebnissen. In mehreren Vorstudien und Applikationsstudien mit Fahrdynamikexperten erwies sich die gewählte Implementierung des prototypischen Fahrzeugführungssystems mit einfacher Parametrierung als geeignetes Mittel. Teilweise ließen sich die Ergebnisse aus den Vorstudien (mit deutlich weniger Stichproben) in den Hauptstudien nicht wiederfinden. Dies unterstreicht die Wichtigkeit eines ausreichend großen Stichprobenumfangs. Die Bewertungsmetrik und die Eingabemethode auf dem Tabletcomputer haben sich als für die Fragestellung sehr geeignet erwiesen. Die Ergebnisanalyse zeigt, dass die Studienteilnehmer so in der Lage sind, ihre Wahrnehmungen innerhalb eines einzelnen Spurwechsels in zwei Phasen zu trennen und gezielt zu äußern. Weiterhin ließ sich zeigen, dass die einzelnen Bewertungen auch mit objektiven Kriterien für die einzelnen Spurwechselphasen korrelieren. In den beiden Hauptstudien wurden insgesamt innerhalb von 13 Tagen an der Simulationsanalage etwa 18.000 einzelne Bewertungen aufgezeichnet. Dabei sind in den einzelnen Studien 0,9 %

bzw. 1,3 % der Bewertungen aufgrund von Missverständnissen oder Unaufmerksamkeit der Probanden nicht eingegeben worden. Dies ist eine deutlich höhere Auflösung, bzw. Bewertungsdichte als in vergleichbaren Studien mit anderen Methoden zur Bewertungserhebung erzielt wird. Damit hat sich die Methode zur Bewertungseingabe in Kombination mit der detaillierten Einweisung der Probanden über ein Einführungsvideo als effizient und zielführend erwiesen. Die Gesamtmethode hat sich also als geeignet erwiesen, die vorliegende Fragestellung mit angemessenem Aufwand zu beantworten. Eine kritische Auseinandersetzung mit den erzielten Ergebnissen erfolgt im folgenden Kapitel.

5 Bewertung des Insassenkomforts

In den vorhergehenden Kap. 3 und 4 werden Aufbau und Ergebnis zweier Probandenstudien zum Insassen-Komfort bei hochautomatisierten Fahrspurwechseln gezeigt. Dabei werden verschiedene Faktoren zur Dynamik der Spurwechsel variiert um deren Einfluss auf den Komfort zu untersuchen. Novum der Untersuchung ist insbesondere die Berücksichtigung von Spurwechseln in Kurven mit situationsangepassten asymmetrischen Trajektorien, die in der Lage sind, die Querbeschleunigungsüberhöhung zu reduzieren. Weitere Neuheiten sind der Einsatz einer achsindividuellen Lenkstrategie und eine zweiteilige Subjektivbewertung, die jeden Spurwechsel in Anfangs- und Endteil trennt.

In diesem Kapitel werden die Studienergebnisse im Kontext anderer Forschungsarbeiten eingeordnet. Im ersten Unterkapitel werden die in Kap. 4 dargestellten Ergebnisse der beiden Studien dazu kurz zusammengefasst. Im zweiten Unterkapitel wird auf den in Kap. 2.3.2 dargestellten Stand der Forschung zum Komfort automatisierter Fahrspurwechsel Bezug genommen. Die Ergebnisse dieser Arbeit werden eingeordnet, Unterschiede und Übereinstimmungen mit anderen Arbeiten herausgestellt.

5.1 Ergebnisüberblick

Diese Arbeit evaluiert in zwei Probandenstudien am Stuttgarter Fahrsimulator den subjektiv empfundenen Komfort während hochautomatisierter Fahrspurwechsel. Das individuelle Komfort- und Sicherheitsempfinden wird dabei direkt nach jedem Manöver auf einem Tabletcomputer von den Probanden eingegeben. Das erfolgt auf zwei siebenstufigen Skalen, getrennt für den Anfangs- und den Endteil des Manövers. In Kap. 4 ist die detaillierte Ergebnisanalyse zu finden. Sie umfasst die klassische Varianzanalyse und Post-Hoc Tests über grafische Verteilungsdarstellungen für die signifikanten Ergebnisse. Dabei wird die zweigeteilte Bewertung in eine Gesamtbewertung (Mittelwert) und eine Bewertungssteigung je Fahrspurwechsel überführt. Nachdem die Zusammenhänge so greifbar sind, werden die Effekte über

Korrelationen auf technische Eigenschaften der jeweiligen Spurwechsel zurückgeführt. Die wesentlichen Ergebnisse sind in **Tabelle 5.1** nach Faktor zusammengefasst. Abgesehen von dem Einfluss einzelner Faktoren lässt sich mit einer Korrelation von R = -0,38 (p < 0,00) zeigen, dass eine geringere betragsmäßige Bewertungssteigung mit einer besseren Gesamtbewertung einhergeht. Ein inhomogenes Komfortempfinden innerhalb eines Fahrspurwechsels führt also zu einem insgesamt geringeren Komfort.

Tabelle 5.1:   Übersicht Studienergebnisse nach Faktor

Faktor	Einfluss nachweisbar?
S1 – Spurwechseltrajektorie	Ja, fahrsituationsabhängige Asymmetrie verbessert den Komfort.
S2 – Lenkungsmodus	Nein, Unterschiede ggf. wahrnehmbar aber ohne Präferenz bzgl. Fragestellung
S3 – Blickrichtung	Ja, schlechterer Komfort bei abgewandtem Blick.
S4 – Fahrgeschwindigkeit	Nein
S5 – Fahrbahnkrümmung	Ja, auf Bewertungssteigung.
S6 – Vertikalanregung	Nein
S7 – Richtung d. Spurwechsels	Eingeschränkt, ggf. auf unbeabsichtigte Reihenfolgeeffekte rückführbar.

Wesentlichen Einfluss auf die Bewertungssteigung haben die Form der Trajektorie und die Fahrbahnkrümmung. Die These, dass sich die Bewertungssteigung gezielt über die Dynamik-Verteilung innerhalb der Trajektorie beeinflussen lässt, wurde bestätigt. Der negative Einfluss, den eine Kurve auf die Bewertungssteigung und die Gesamtbewertung nimmt, kann mit einer situationsangepassten Trajektorie kompensiert und so ein insgesamt höherer Komfort erreicht werden. In der Korrelationsanalyse der Subjektivbewertung mit den technischen Parametern der Trajektorien zeigen sich moderate Zusammenhänge mit Querbeschleunigungs- und leichte Zusammenhänge mit

Ruck-Parametern. Die stärkste ermittelte Korrelation mit r = -0,45 (p < 0,00) besteht zwischen dem Asymmetriefaktor f_{asym} und der Bewertungssteigung. Eine Anpassung der Trajektorie beim Fahrspurwechsel auf die vorliegende Fahrsituation zur Komfortsteigerung ist bisher in der Literatur nicht bekannt. Der positive Effekt kann hier erstmals nachgewiesen werden.

Ein Einfluss unterschiedlicher Lenkstrategien lässt sich entgegen der Erwartung nicht feststellen. Dabei erfolgt die Verfolgung derselben Trajektorien für den Fahrspurwechsel sowohl mit klassischer Vorderachslenkung als auch mit unterschiedlichen Allradlenkungsstrategien. Mit der Allradlenkung wird schrittweise die Gierbewegung für den Spurwechsel eliminiert. Die Gesamtbewegung durch das Manöver beschränkt sich so auf eine reine Querbewegung anstelle einer überlagerten Quer- und Rotationsbewegung und wurde daher als komfortabler erwartet. Ein möglicher Grund für das nicht signifikante Ergebnis ist das Unterschreiten der Wahrnehmungsschwelle zwischen den Faktorstufen. Die gesetzten Unterschiede sind allerdings verhältnismäßig groß und waren in Vorerprobungen immer gut feststellbar. Wahrscheinlicher ist als Grund, dass bezüglich der Fragestellung nach dem „persönlichen Komfort- und Sicherheitsempfinden" keine Präferenz besteht. Eine Erprobung mit geänderter Fragestellung, wie beispielsweise mit einer Attribution wie „Sportlichkeit", könnte hier ein anderes Ergebnis liefern.

Eine fahrfremde Nebentätigkeit wird in dieser Arbeit durch das Abwenden des Blicks von der Windschutzscheibe hin auf einen Tablet-Computer im Schoß simuliert. Dadurch verschlechtert sich der empfundene Komfort signifikant. Die Effektgröße ist kleiner als die Effekte durch Fahrbahnkrümmung oder Trajektorie. Die erwartete Wechselwirkung mit den Lenkungsmodi ist nicht signifikant. Hier wurde erwartet, dass die hauptsächlich optisch wahrnehmbaren Lenkungsunterschiede bei abgewandtem Blick nicht mehr auftreten. Dennoch zeigt der generelle Komfortverlust durch Nebentätigkeiten die Notwendigkeit, alle Potentiale zur Komfortverbesserung bei hochautomatisierter Fahrt zu nutzen, wie z.B. die situationsspezifische Anpassung von Spurwechseltrajektorien.

Die beiden Faktoren Fahrgeschwindigkeit und Vertikalanregung über die Fahrbahnoberfläche zeigten keinen signifikanten Einfluss. Für die Fahrgeschwindigkeit wurde ein Einfluss auch nicht erwartet, da die Stimulation der Probanden in Querrichtung sich dadurch nur minimal in den Schwimmwinkeln bei Vorderachslenkung ändert. Die bei höherer Geschwindigkeit insgesamt etwas kritischere Fahrsituation mit höherem Geräuschpegel und etwas stärkerer Anregung durch den Lenkregler zeigt sich nicht in der Bewertung der Spurwechselmanöver. Mit der Variation der Fahrbahnanregung sollte eine Maskierung der Effekte anderer Faktoren erreicht werden. Dies konnte ebenfalls nicht nachgewiesen werden, obwohl die hohe Anregung bereits einer schlechten Oberfläche für eine Autobahn entspricht. Es lässt sich daher zusammenfassen, dass der Fahrstil eines Spurwechsels und sein Einfluss auf den Komfort unabhängig von maskierenden Faktoren deutlich wahrnehmbar ist. Dies ist eine gute Voraussetzung für die Übertragbarkeit der Ergebnisse aus dem Fahrsimulator in die Realität.

Die Richtung des Fahrspurwechsels zeigt teilweise signifikanten Einfluss auf den Komfort. Der Faktor Spurwechselrichtung wurde nicht isoliert zur Evaluation variiert, sondern um ein realistisches Fahrszenario abzubilden. Ein Spurwechsel nach links erfolgt in den Studien immer mit Fremdverkehr vor dem EGO-Fahrzeug in der rechten Hauptfahrspur. Der Wechsel nach rechts erfolgt nach dem Überholmanöver ohne Fremdverkehr in Sicht. Reihenfolge und Fremdverkehr könnten hier einen wesentlichen Einfluss auf das Ergebnis genommen haben. Daher kann das Ergebnis zur Abhängigkeit des Komforts von der Richtung des Spurwechsels nicht interpretiert werden.

5.2   Ergebniseinordnung und Neuheitswert

Nachdem im vorhergehenden Unterkapitel die zentralen Ergebnisse der beiden durchgeführten Studien zusammengefasst sind, werden diese hier vor dem aktuellen Forschungsstand zu automatisierten Fahrspurwechseln eingeordnet. Hierzu werden die in Kap. 2.3.2 zusammengefassten Erkenntnisse in der Literatur aufgegriffen und auf Übereinstimmung bzw. Widerspruch mit den in dieser Arbeit erzeugten Ergebnissen überprüft. Abschließend wird beschrieben, wie die Neuheiten dieser Arbeit den Forschungsstand erweitern.

Bezüglich der gewählten Trajektorie beim Fahrspurwechsel empfiehlt die Literatur für einen optimierten Komfort bei gerade Fahrbahn eine maximale Querbeschleunigung von $|\hat{a}_y| \sim 1$ m/s² und eine Manöverdauer von ca. 5 s. Die Manöverdauer wurde in den beiden Studien zu dieser Arbeit nicht variiert, liegt mit 5,5 s aber im empfohlenen und relevanten Bereich. Die evaluierten Varianten, die das empfohlene Querbeschleunigungsmaximum überschreiten, fallen in der Komfortbewertung deutlich ab. Die Ergebnisse bestätigen in diesem Punkt also dem Forschungsstand. In mehreren Studien werden asymmetrische Trajektorienverläufe mit höherer Dynamik zu Beginn als komfortsteigernd bei Fahrsituationen auf gerader Strecke beschrieben. Dies wurde bei der Variation in den beiden hier durchgeführten Studien ebenfalls bestätigt. In diesem Punkt scheint es ein Optimum zu geben, ab dem mit größer werdender Asymmetrie der Komfort wieder abnimmt. Die Varianten mit Asymmetriefaktor $f_{asym} \geq 0{,}48$, die dabei gleichzeitig die Querbeschleunigung $|\hat{a}_y| \sim 1$ m/s² übersteigen, liefern schlechtere Komfortbewertungen. Wie in Kap. 4.3 analysiert, korreliert der Komfort signifikant mit den Parametern Querbeschleunigung und -ruck der Trajektorien. Dabei liefern die Beschleunigungsparameter die größeren Korrelationskoeffizienten wie auch bereits in zwei anderen Studien beschrieben.

Die Simulation von Nebentätigkeiten ist in einer vorhergehenden Studie in Kombination mit automatisierten Fahrspurwechseln untersucht worden. Dabei konnte ein Interaktionseffekt mit der Spurwechseldynamik nicht eindeutig gezeigt werden. Die zweite hier durchgeführte Studie zeigt einen kleinen Haupteffekt mit schlechterem Komfort beim Abwenden des Blicks von der Fahrbahn. Ein schwacher Interaktionseffekt mit der Fahrbahnkrümmung zeigt sich in einer weniger differenzierbaren Bewertungssteigung zwischen gerader und gekrümmter Fahrbahn. Nebentätigkeiten verschlechtern also potentiell den Gesamtkomfort.

Zum Subjektiveindruck unterschiedlicher Lenkstrategien bei automatisierten Fahrspurwechseln ist nur eine Studie aus der Literatur bekannt. Dort wurde festgestellt, dass mit Einsatz einer serienüblichen Hinterachslenkung Kinetose-Symptome bei Spurwechseln mit hoher Dynamik reduziert werden können. In der zweiten Studie der vorliegenden Arbeit wird versucht, das Ergebnis zur Vermeidung von Kinetosen auf den Komfort zu transferieren. Dabei konnte allerdings kein signifikantes Ergebnis erzeugt werden, obwohl das nach Vorabstimmung mit Fahrdynamikexperten eindeutig erwartet wurde. Die in dieser Studie eingesetzten Lenkwinkel an der Hinterachse sind deutlich größer als jene, die in der Literaturstudie verwendet werden. Die Spurwechseldynamik ist allerdings deutlich geringer als das Niveau, ab dem die Hinterachslenkung in der Literatur einen Einfluss zeigte. Es ist also wahrscheinlich, dass sich ein Komforteinfluss unterschiedlicher Lenkstrategien bei hochautomatisierter Fahrt erst in Bereichen höherer Querdynamik zeigt. Der aus Komfort-Sicht empfohlene Dynamikbereich für automatisierte Fahrfunktionen liegt weit unterhalb dieses Niveaus. Aktuelle Zulassungsvorschriften schreiben ebenfalls geringere Querdynamikgrenzen für automatisierte Funktionen vor. Die Relevanz der Lenkstrategie für den Komfort bei automatisierten Spurwechseln scheint also gering.

Eine der wesentlichen Erweiterungen des Forschungsstand durch die vorliegende Arbeit ist der Ansatz zur Nutzung asymmetrischer Trajektorien bei Fahrspurwechseln in Kurven. Die entstehende Überhöhung der konstanten Kurvenbeschleunigung durch das Manöver wird dabei reduziert. Das wird erreicht, indem der Trajektorienteil mit höherer Dynamik an den Anfang bzw. an das Ende des Fahrspurwechsels gestellt wird. Wird die Spur nach kurvenaußen gewechselt, steht die höhere Dynamik am Anfang, beim Spurwechsel nach kurveninnen am Ende. Beide durchgeführten Studien haben eine Komfortsteigerung durch diesen Ansatz im Vergleich zu einer symmetrischen Trajektorie bestätigt.

Die in dieser Arbeit entwickelte Bewertungsmethode teilt ein Spurwechselmanöver in zwei Teile, einen Anfangs- und einen Endteil. Jedes Manöver wird von den Probanden auf zwei siebenstufigen Skalen bezüglich ihres „persönlichen Komfort- und Sicherheitsempfinden" beurteilt. Daraus resultiert für jeden Spurwechsel eine Gesamtbewertung als Mittelwert und eine Bewertungssteigung. Die Steigung zeigt die Homogenität der Wahrnehmung innerhalb des Manövers. Der Detailgrad dieser Erfassung ist ebenfalls eine Neuerung bezüglich des bisherigen Forschungsstands. Es kann gezeigt werden, dass die Probanden in der Lage sind, Ihre Empfindungen den einzelnen Manöverteilen zuzuordnen und über den Tablet-Computer zurückzumelden. Die Bewertungssteigung hängt, wie erwartet signifikant von der Interaktion zwischen Fahrbahnkrümmung und Spurwechselrichtung ab, also der Frage, ob die Spur nach kurveninnen oder kurvenaußen gewechselt wird. Die Asymmetrie der Trajektorien zeigt ebenfalls den erwarteten Einfluss auf die Bewertungssteigung und kann so gezielt genutzt werden, um den Einfluss durch einen gekrümmten Fahrbahnverlauf zu kompensieren. Je homogener der Komfort innerhalb des Spurwechsels empfunden wird, desto besser ist auch die Gesamtbewertung.

6 Fazit und Ausblick

Der Insassenkomfort im PKW wird durch die sukzessive Einführung von hochautomatisierten Fahrfunktionen nachhaltig verändert. Je umfangreicher der Fahrer von der Fahraufgabe entbunden wird, desto mehr ändern sich die Mechanismen zur Komfortentstehung durch eine eingeschränkte Wahrnehmung bestimmter Rückmeldungen zum Fahrzustand. Umso wichtiger für die gezielte Auslegung des Fahrerlebnisses ist die Kenntnis darüber, wie Fahrkomfort unter diesen veränderten Randbedingungen entsteht.

Das Ziel dieser Arbeit ist die Erweiterung des aktuellen Stands zur Komfort-Objektivierung bei hochautomatisierter Fahrt. Dabei werden ausgehend vom aktuellen Stand der Forschung für künftige Einsatzszenarien relevante Fragestellungen identifiziert. Vor allem die Interaktion zwischen asymmetrischen Trajektorien und der Fahrbahnkrümmung, sowie der Einsatz einer innovativen Allradlenkungsstrategie sind Kern der Untersuchung. Zur Erprobung wird ein prototypisches Automatisierungssystem am Stuttgarter Fahrsimulator implementiert. Zwei Studien werden mit n = 46 bzw. n = 35 Probanden durchgeführt, die jeweils eine ca. 50-minütige, vollautomatisierte Autobahnfahrt im Fahrsimulator absolvieren. In diese Fahrt sind zahlreiche Überholmanöver eingebettet, die jeweils zwei Fahrspurwechsel enthalten. Direkt nach jedem Wechsel bewerten die Probanden ihr „persönliches Komfort- und Sicherheitsempfinden" während des Manövers. Dazu wird eine neuartige Methode verwendet, bei der Anfang und Ende des Fahrspurwechsels getrennt auf einer jeweils sieben-stufigen Skala bewertet werden. Ein Tablet-Computer stellt dabei eine schnelle Eingabemöglichkeit bereit, sodass pro Person bis zu 120 unterschiedlich parametrierte Manöver bewertet werden können. Neben der Trajektorie, dem Lenkungsmodus und der Fahrbahnkrümmung wird auch die Blickrichtung der Probanden, die Fahrgeschwindigkeit und die Störungsanregung durch die Fahrbahn variiert.

In der Ergebnisanalyse kann ein positiver Effekt auf den Komfort durch die ebenfalls neu entwickelte Einsatzstrategie für asymmetrische Trajektorien in Kurven statistisch signifikant nachgewiesen werden. In Kurven wird die konstante Querbeschleunigung durch einen Fahrspurwechsel lokal überhöht. Die asymmetrischen Trajektorien werden so appliziert, dass diese Überhöhung im Vergleich zu einer symmetrischen Trajektorie reduziert wird. Es

C. J. Heimsath, *Insassenkomfort bei hochautomatisierten Fahrspurwechseln*,
Wissenschaftliche Reihe Fahrzeugtechnik Universität Stuttgart,
https://doi.org/10.1007/978-3-658-44210-1_6

kann detailliert gezeigt werden, dass durch eine Fahrbahnkrümmung und damit konstante Querbeschleunigung die Homogenität des empfundenen Komforts über das Manöver beeinflusst wird. Dieser Effekt konnte durch die neuartige, zweigeteilte Bewertungsmethode signifikant in der Bewertungssteigung zwischen den beiden Teilen nachgewiesen werden. Die neuartige Applikation asymmetrischer Trajektorien ist geeignet, um diesen Effekt gezielt zu kompensieren.

Im zweiten Kernpunkt, der Variation unterschiedlicher Lenkstrategien mit einer achsindividuellen Allradlenkung, kann kein statistisch signifikantes Ergebnis erzeugt werden. Obwohl hier in Vorstudien mit Fahrdynamikexperten klare Komfortpräferenzen benannt werden können, scheint die Lenkstrategie keinen Einfluss auf das Komfort- und Sicherheitsempfinden zu haben. Die erprobten Varianten reichten dabei von einer klassischen Vorderachslenkung schrittweise bis zum Paralleleinschlag, sodass der Fahrspurwechsel nur mithilfe des Schwimmwinkels verfolgt wird. Der Unterschied ist vor allem optisch deutlich wahrnehmbar, sodass eine Unterschreitung der Wahrnehmungsgrenze ausgeschlossen werden kann.

Nebentätigkeiten, bei denen die Aufmerksamkeit und der Blick vom Fahrgeschehen abgewendet wird, können einen wesentlichen Einfluss auf das Komfortempfinden haben. Dies wird simuliert, indem die Probanden im Versuch zeitweise den Blick auf das im Schoß befindliche Bewertungs-Tablet richten. Es kann gezeigt werden, dass der Komfort bei abgewandtem Blick leicht schlechter empfunden wird. Dies unterstreicht erneut die Relevanz der Objektivierung und die Notwendigkeit zur Nutzung aller zur Verfügung stehenden Potentiale zur Komfortverbesserung beim Einsatz automatisierter Fahrfunktionen.

Die Fahrgeschwindigkeit und die Höhe der Fahrbahnanregung haben in den durchgeführten Studien keinen nachweisbaren Einfluss auf den Komfort. Die Querbewegung beim Fahrspurwechsel erfolgt nahezu unabhängig von der Fahrgeschwindigkeit. Ein sekundärer Einfluss durch das lautere Fahrgeräusch oder die insgesamt fahrdynamisch kritischere Situation kann nicht gefunden werden. Die Unabhängigkeit von der Fahrbahnanregung verdeutlicht, dass der Fahrstil automatisierter Fahrfunktionen auch bei starker Maskierung durch Störungen wahrgenommen wird. Das ist auch ein erstes Indiz dafür, dass die ermittelten Zusammenhänge nicht nur in der Laborumgebung des Fahrsimulators, sondern auch in realer Umgebung gültig sind.

Bei der Versuchsauslegung werden die anlagenspezifischen Einschränkungen zur Bewegungsdynamik des Fahrsimulators berücksichtigt und mit entsprechenden Maßnahmen, wie z.b. einem angepassten Motion-Cueing, kompensiert. Dennoch wird eine Validierungsstudie mit reduziertem Variantenumfang auf einem Testgelände empfohlen. Die Möglichkeit zur Komfortverbesserung durch fahrsituationsspezifische Trajektorien wird in dieser Arbeit nachgewiesen. Die Parametrierung dieser Funktion wird in den vorliegenden Studien in relativ grober Abstufung variiert. Um eine optimale Parametrierung in Hinblick auf einen Serieneinsatz zu applizieren, wird eine weitere Parameterstudie empfohlen. Ein guter Startpunkt ist dabei die hier jeweils best-bewertete Variante. Bezüglich der unterschiedlichen Lenkstrategien kann kein Komforteinfluss festgestellt werden. Ob ggf. ein Einfluss auf eine andere subjektive Attribution, wie z.b. der Sportlichkeit des Fahrgefühls existiert, kann daraus nicht abgeleitet werden. Auch hierzu könnten weitere Versuche mit geänderter Fragestellung bei der Subjektivbewertung wichtige Erkenntnisse für die gezielte, markenspezifische Gestaltung künftiger Fahrfunktionen liefern.

Literaturverzeichnis

[1]   A. Wagner: „Automotive game-changers and their challenges from a chassis perspective" in 16. Internationales Stuttgarter Symposium; Band 2, Wiesbaden: Springer Vieweg, 2016, 2016.

[2]   Taxonomy and Definitions for Terms Related to Driving Automation Systems for On-Road Motor Vehicles, On-Road Automated Driving (ORAD) committee, 400 Commonwealth Drive, Warrendale, PA, United States.

[3]   U. Ernstberger; O. Thöne; J. Weissinger: „Im Mittelpunkt steht der Mensch", Sonderprojekte ATZ/MTZ, Jg. 25, S1, S. 8–11, 2020, doi: 10.1007/s41491-020-0072-5.

[4]   G. Hebermehl; U. Baumann: „Drive Pilot kostet wenigstens 5.950 Euro: Mercedes mit Level-3-Zulassung", Auto Motor Sport, 2022. [Online]. Verfügbar unter: https://www.auto-motor-und-sport.de/tech-zukunft/mercedes-autonom-level-3-drive-pilot-haftung-unfall/

[5]   Aral: Was sind die Gründe, die in erster Linie zu der Entscheidung für Ihren neuen Pkw beitragen? [Online]. Verfügbar unter: https://de.statista.com/statistik/daten/studie/73970/umfrage/wichtigste-kriterien-beim-pkw-kauf/ (Zugriff am: 9. Januar 2023).

[6]   G. Baumann; M. Jurisch; C. Buck; C. Holzapfel: „Optimierung des Fahrkomforts beim automatisierten Fahren", ATZ Automobiltech Z, Jg. 122, Nr. 11, S. 74–79, 2020, doi: 10.1007/s35148-020-0325-3.

[7]   Proposal for the 01 series of amendments to UN Regulation No. 157 (Automated Lane Keeping Systems); Submitted by the Working Party on Automated/Autonomous and, United Nations, Mai. 2022.

[8]   H. Bellem: Comfort in Automated Driving; Analysis of Driving Style Preference in Automated Driving. Chemnitz: Technische Universität Chemnitz, 2018.

[9]   M. Kehrer; G. Baumann; H.-C. Reuss: „A framework for designing and performing of virtual test drives concernong autonomous driving". Japan, Kobe.

[10] F. Lang; P. Lang: Basiswissen Physiologie. Berlin, Heidelberg: Springer Berlin Heidelberg, 2007.

© Der/die Herausgeber bzw. der/die Autor(en), exklusiv lizenziert an
Springer Fachmedien Wiesbaden GmbH, ein Teil von Springer Nature 2024
C. J. Heimsath, *Insassenkomfort bei hochautomatisierten Fahrspurwechseln*,
Wissenschaftliche Reihe Fahrzeugtechnik Universität Stuttgart,
https://doi.org/10.1007/978-3-658-44210-1

[11] M.-T. Nguyen: Subjektive Wahrnehmung und Bewertung fahrbahnin- duzierter Gier- und Wankbewegungen im virtuellen Fahrversuch. Wiesbaden: Springer Fachmedien Wiesbaden, 2020.

[12] A. Wilden: „Analyse und Modellierung vestibulärer Information in den tiefen Kleinhirnkernen", Ludwig-Maximilians-Universität München, 2002.

[13] D. Purves; S. M. Williams, Hg.: Neuroscience, 3. Aufl. Sunderland, Mass.: Sinauer, 2004.

[14] N. Kamiji; Y. Kurata; T. Wada; S. Doi: „Modeling and validation of carsickness mechanism" in SICE Annual Conference 2007, Takamatsu, Japan, 17.09.2007 - 20.09.2007, S. 1138–1143, doi: 10. 1109/SICE.2007.4421156.

[15] T. Wada; N. Kamiji; S. Doi: A Mathematical Model of Motion Sick- ness in 6DOF Motion and Its Application to Vehicle Passengers, 2013.

[16] L.-L. Zhang; J.-Q. Wang; R.-R. Qi; L.-L. Pan; M. Li; Y.-L. Cai: „Mo- tion Sickness: Current Knowledge and Recent Advance" (eng), CNS neuroscience & therapeutics, Jg. 22, Nr. 1, S. 15–24, 2016, doi: 10.1111/cns.12468.

[17] J. F. Golding: „Motion sickness" (eng), Handbook of clinical neurolo- gy, Jg. 137, S. 371–390, 2016, doi: 10.1016/B978-0-444-63437- 5.00027-3.

[18] Baumann G.; Jurisch M.; Holzapfel C.; Buck C. and Reuss H.-C.: „Driving simulator studies for kinetosis-reducing control of active chassis systems in autonomous vehicles" in Proceedings of the Driving Simulation Conference 2021 Europe VR, Driving Simulation Associa- tion, Hg., Munich, 2021, S. 51–58.

[19] H. Winner; S. Hakuli; F. Lotz; C. Singer: Handbuch Fahrerassistenz- systeme. Wiesbaden: Springer Fachmedien Wiesbaden, 2015.

[20] R. Isermann: Fahrerassistenzsysteme 2017. Wiesbaden: Springer Fachmedien Wiesbaden, 2017.

[21] L. Eckstein: „Aktive Fahrzeugsicherheit und Fahrerassistenz". Vorle- sungsskript, Institut für Kraftfahrzeuge, RWTH Aachen, Aachen, 2014.

[22] S. Botev; H. Brauner; L. Dragon: „Is a typical Mercedes-Benz Driving Character still necessary with an increasing number of driver as- sistance systems?" in Proceedings, 19. Internationales Stuttgarter Symposium, M. Bargende, H.-C. Reuss, A. Wagner und J. Wiede-

mann, Hg., Wiesbaden: Springer Fachmedien Wiesbaden, 2019, S. 14–23, doi: 10.1007/978-3-658-25939-6_2.

[23] H. Schrieber: „Auf einem neuen Level: Das kann die autonome S-Klasse: Mercedes Drive Pilot: Test, autonomes Fahren Level 3", Auto Bild, Jg. 2022. [Online]. Verfügbar unter: https://www.autobild.de/artikel/mercedes-drive-pilot-test-autonomes-fahren-level-3-21468031.html

[24] Regulation (EU) 2019/2144 of the European Parliament and of the Council; type-approval requirements for motor vehicles and their trailers, United Nations, Nov. 2019.

[25] C. Hetzner: „Audi quits bid to give A8 Level 3 autonomy", Automotive News, Jg. 2020, 2020. [Online]. Verfügbar unter: https://www.autonews.com/cars-concepts/audi-quits-bid-give-a8-level-3-autonomy

[26] Addendum 156 – UN Regulation No. 157; Uniform provisions concerning the approval of vehicles with regard to Automated Lane Keeping Systems, United Nations, Mrz. 2021.

[27] F. Greis: „Vorsicht autonomer Fahranfänger!: Drive Pilot im Praxistest", Golem, Jg. 2022, 2022. [Online]. Verfügbar unter: https://www.golem.de/news/drive-pilot-im-praxistest-vorsicht-autonomer-fahranfaenger-2211-169840.html

[28] A. Lotz; N. Russwinkel; E. Wohlfarth: „Take-over expectation and criticality in Level 3 automated driving: a test track study on take-over behavior in semi-trucks", Cogn Tech Work, Jg. 22, Nr. 4, S. 733–744, 2020, doi: 10.1007/s10111-020-00626-z.

[29] K. M. van Dintel; S. M. Petermeijer; E. J. de Vries; D. A. Abbink: „SAE-Level-3-Automatisierung - Vergleich von Übergang und geteilter Kontrolle", ATZ Automobiltech Z, Jg. 123, 5-6, S. 26–33, 2021, doi: 10.1007/s35148-021-0693-3.

[30] J. Radlmayr; C. Gold; L. Lorenz; M. Farid; K. Bengler: „How Traffic Situations and Non-Driving Related Tasks Affect the Take-Over Quality in Highly Automated Driving", Proceedings of the Human Factors and Ergonomics Society Annual Meeting, Jg. 58, Nr. 1, S. 2063–2067, 2014, doi: 10.1177/1541931214581434.

[31] M. Kühn; T. Vogelpohl; M. Vollrath: „Was heißt sichere Übergabe?: Bewertung der Übergabe von hochautomatisiertem Fahren zu manueller Steuerung mittels Simulatorstudie" in VDI-Berichte, Bd. 2288,

32. VDI/VW-Gemeinschaftstagung Fahrerassistenz und automatisiertes Fahren, Düsseldorf: VDI Verlag GmbH, 2016.

[32] A. Eskandarian, Hg.: Handbook of Intelligent Vehicles. London: Springer London, 2012.

[33] P. Wald; N. Henreich; M. Albert; J. Ossig; K. Bengler: „Different feedback strategies: Evaluation of active vehicle motions in a multi-level system" in 13th International Conference on Applied Human Factors and Ergonomics (AHFE 2022), 2022, doi: 10.54941/ahfe 1002468.

[34] S. Cramer; I. Kaup; K.-H. Siedersberger: „Comprehensibility and Perceptibility of Vehicle Pitch Motions as Feedback for the Driver During Partially Automated Driving", IEEE Transactions on Intelligent Vehicles, Jg. 4, Nr. 1, S. 3–13, 2019, doi: 10.1109/TIV.2018.2886691.

[35] G. Sharabok: „Why Tesla Won't Use LIDAR: And which technology is ideal for self-driving cars", Towards Data Science, Jg. 2020, 2020. [Online]. Verfügbar unter: https://towardsdatascience.com/why-tesla-wont-use-lidar-57c325ae2ed5

[36] J. Brien: „Radar oder nicht Radar: Tesla mit Rolle rückwärts beim autonomen Fahren", t3n, Jg. 2022, 2022. [Online]. Verfügbar unter: https://t3n.de/news/lidar-radar-tesla-autonomes-fahren-sensoren-wieder-relevant-1519650/

[37] B. Morris; A. Doshi; M. Trivedi: „Lane change intent prediction for driver assistance: On-road design and evaluation" in 2011 IEEE Intelligent Vehicles Symposium (IV), Baden-Baden, Germany, 2011, S. 895–901, doi: 10.1109/IVS.2011.5940538.

[38] A. Fries; F. Fahrenkrog: „Prospective safety assessment of automated vehicles with the Stochastic Cognitive Model" in 31st Aachen Colloquium Sustainable Mobility 2022, Aachen, 2022.

[39] L. Vasile; K. Divakar; D. Schramm: „Deep-Learning basierte Verhaltensprädiktion rückwärtiger Verkehrsteilnehmer für hochautomatisierte Spurwechsel" in Transforming Mobility – What Next?, H. Proff, Hg., Wiesbaden: Springer Fachmedien Wiesbaden, 2022, S. 243–263, doi: 10.1007/978-3-658-36430-4_15.

[40] Addendum 78: UN Regulation No. 79; Uniform provisions concerning the approval of vehicles with regard to steering equipment, United Nations, Nov. 2018.

[41] T. Heil; A. Lange; S. Cramer: „Adaptive and efficient lane change path planning for automated vehicles" in 2016 IEEE 19th International

Conference on Intelligent Transportation Systems (ITSC), Rio de Janeiro, Brazil, 01.11.2016 - 04.11.2016, S. 479–484, doi: 10.1109/ITSC.2016.7795598.

[42] F. Tigges; F. Krauns; A. Hafner: „Controller concept for automated lateral control" in Proceedings, 8th International Munich Chassis Symposium 2017: *Chassis.tech plus*, P. E. Pfeffer, Hg., Wiesbaden: Springer Fachmedien Wiesbaden, 2017, S. 465–481.

[43] Y. Ding; W. Zhuang; Y. Qian; H. Zhong: „Trajectory Planning for Automated Lane-Change on a Curved Road for Collision Avoidance" in WCX SAE World Congress Experience, 2019, doi: 10.4271/2019-01-0673.

[44] J. Chen: Fahrerassistenzsystem zum autonomen Spurwechsel. Aachen: Forschungsges. Kraftfahrwesen (fka), 2009.

[45] D. Ren; J. Zhang; J. Zhang; S. Cui: „Trajectory planning and yaw rate tracking control for lane changing of intelligent vehicle on curved road", Sci. China Technol. Sci., Jg. 54, Nr. 3, S. 630–642, 2011, doi: 10.1007/s11431-010-4227-6.

[46] J. Helbig: Robuste Regelungsstrategien am Beispiel der PKW-Spurführung. Zugl.: Braunschweig, Techn. Univ., Diss., 2003. Düsseldorf: VDI-Verl., 2004.

[47] L. Wang; X. Zhao; H. Su; G. Tang: „Lane changing trajectory planning and tracking control for intelligent vehicle on curved road" (eng), SpringerPlus, Jg. 5, Nr. 1, S. 1150, 2016, doi: 10.1186/s40064-016-2806-0.

[48] S. Habenicht; H. Winner; S. Bone; F. Sasse; P. Korzenietz: „A maneuver-based lane change assistance system" in 2011 IEEE Intelligent Vehicles Symposium (IV), Baden-Baden, Germany, 2011, S. 375–380, doi: 10.1109/IVS.2011.5940417.

[49] J. Ossig; S. Cramer: „Tactical Decisions for Lane Changes or Lane Following? Development of a Study Design for Automated Driving" in AutomotiveUI '20: 12th International Conference on Automotive User Interfaces and Interactive Vehicular Applications, Virtual Event DC USA, 09212020, S. 23–26, doi: 10.1145/3409251.3411714.

[50] M. Xu; Y. Luo; G. Yang; W. Kong; K. Li: „Dynamic Cooperative Automated Lane-Change Maneuver Based on Minimum Safety Spacing Model*" in 2019 IEEE Intelligent Transportation Systems Conference (ITSC), 2019, S. 1537–1544, doi: 10.1109/ITSC.2019.8917095.

[51] T. Hansen; M. Schulz; M. Knoop; U. Konigorski: „Trajektorienpla-nung für automatisierte Fahrstreifenwechsel", ATZ 07-08|2016, Jg. 118, 2016.

[52] M. Mitschke; H. Wallentowitz: Dynamik der Kraftfahrzeuge. Wiesba-den: Springer Fachmedien Wiesbaden, 2014.

[53] J. Raabe; F. Fontana; J. Neubeck; A. Wagner: „Method for the Deter-mination of Objective Evaluation Criteria Using the Example of Com-bined Dynamics" in Proceedings, 22. Internationales Stuttgarter Sym-posium, M. Bargende, H.-C. Reuss und A. Wagner, Hg., Wiesbaden: Springer Fachmedien Wiesbaden, 2022, S. 427–442, doi: 10.1007/978-3-658-37011-4_33.

[54] F. Fontana: Methoden zur durchgängigen virtuellen Eigenschaftsent-wicklung von Fahrzeugen mit Bremsregelsystem. Wiesbaden: Springer Fachmedien Wiesbaden, 2021.

[55] M. Ersoy; S. Gies: Fahrwerkhandbuch. Wiesbaden: Springer Fach-medien Wiesbaden, 2017.

[56] C. Braunholz: Integration von Sensitivitätsanalysemethoden in den Entwicklungsprozess für Fahrwerkregelsysteme. Wiesbaden: Springer Fachmedien Wiesbaden, 2021.

[57] M. Festner: „Objektivierte Bewertung des Fahrstils auf Basis der Kom-fortwahrnehmung bei hochautomatisiertem Fahren in Abhängigkeit fahrfremder Tätigkeiten: Grundlegende Zusammenhänge zur komfort-orientierten Auslegung eines hochautomatisierten Fahrstils", DuE-Publico: Duisburg-Essen Publications online, University of Duisburg-Essen, Germany, 2019.

[58] A. Wagner; S. van Putten: „Audi chassis development: Attribute based component design" (eng), 17. Internationales Stuttgarter Symposium; Band 2, 2017.

[59] DIN ISO 8855; Straßenfahrzeuge - Fahrzeugdynamik und Fahrverhal-ten - Begriffe (ISO 8855:2011), 8855, DIN Deutsches Institut für Normung e. V., Berlin, Deutschland, 2011.

[60] DIN ISO 7401; Testverfahren für querdynamisches Übertragungsver-halten, 7401, DIN Deutsches Institut für Normung e. V., Berlin, Deutschland, 1989.

[61] ISO 2631-1; Mechanical vibration and shock - Evaluation of human exposure to whole-body vibration, 2631, Internation Organization for Standardization, 1997.

[62] L. Eckstein: „Vertikal und Querdynamik von Kraftfahrzeugen". Vorlesungsskript, Institut für Kraftfahrzeuge, RWTH Aachen, Aachen, 2014.

[63] H. Bellem; M. Klüver; M. Schrauf; H.-P. Schöner; H. Hecht; J. F. Krems: „Can We Study Autonomous Driving Comfort in Moving-Base Driving Simulators? A Validation Study" (eng), Human factors, Jg. 59, Nr. 3, S. 442–456, 2017, doi: 10.1177/0018720816682647.

[64] M. Heiderich; S. Leonhardt; W. Krantz; J. Neubeck; J. Wiedemann: „Method for analysing the feeling of safety at high speed using virtual test drives" in 18. Internationales Stuttgarter Symposium, Wiesbaden: Springer Vieweg, 2018, S. 17–28.

[65] A. Calvi; A. Benedetto; M. R. de Blasiis: „A driving simulator study of driver performance on deceleration lanes" (eng), Accident; analysis and prevention, Jg. 45, S. 195–203, 2012.

[66] J. Fank; P. Krebs; F. Diermeyer: „Analyse von Lkw-Überholmanövern auf Autobahnen für die Entwicklung kooperativer Fahrerassistenzsysteme", Forsch Ingenieurwes, Jg. 83, Nr. 2, S. 305–316, 2019.

[67] C. Koppel; J. van Doornik; B. Petermeijer; D. Abbink: „Untersuchung des Spurwechselverhaltens in einem Fahrsimulator", ATZ Automobiltech Z, Jg. 121, Nr. 12, S. 64–69, 2019, doi: 10.1007/s35148-019-0163-3.

[68] T. Toledo; D. Zohar: „Modeling Duration of Lane Changes", Transportation Research Record, Jg. 1999, Nr. 1, S. 71–78, 2007, doi: 10.3141/1999-08.

[69] C. Hill; L. Elefteriadou; A. Kondyli: „Exploratory Analysis of Lane Changing on Freeways Based on Driver Behavior", J. Transp. Eng., Jg. 141, Nr. 4, 2015, Art. no. 04014090, doi: 10.1061/(ASCE)TE.1943-5436.0000758.

[70] A. Sporrer; G. Prell; J. Buck; S. Schaible: „Realsimulation von Spurwechselvorgängen im Straßenverkehr" in Verkehrsunfall und Fahrzeugtechnik 1998.

[71] S. Kraus: „Fahrverhaltensanalyse zur Parametrierung situationsadaptiver Fahrzeugführungssysteme". München, Technische Universität München, Diss., 2012, Universitätsbibliothek der TU München, München, 2012.

[72] A. Dettmann et al.: „Comfort or Not? Automated Driving Style and User Characteristics Causing Human Discomfort in Automated Dri-

ving", International Journal of Human–Computer Interaction, Jg. 65, S. 1–9, 2021, doi: 10.1080/10447318.2020.1860518.

[73] H. Bellem; B. Thiel; M. Schrauf; J. F. Krems: „Comfort in automated driving: An analysis of preferences for different automated driving styles and their dependence on personality traits", Transportation Research Part F: Traffic Psychology and Behaviour, Jg. 55, S. 90–100, 2018, doi: 10.1016/j.trf.2018.02.036.

[74] S. Scherer; D. Schubert; A. Dettmann; F. Hartwich; A. C. Bullinger: „Wie will der "Fahrer" automatisiert gefahren werden?" in VDI-Berichte, Bd. 2288, 32. VDI/VW-Gemeinschaftstagung Fahrerassistenz und automatisiertes Fahren, Düsseldorf: VDI Verlag GmbH, 2016.

[75] P. Roßner; F. Dittrich; A. Bullinger-Hoffmann: „Diskomfort im hochautomatisierten Fahren: Eine Untersuchung unterschieldicher Fahrstile im Fahrsimulator" in GfA Frühjahrskongress 2019: Arbeit interdisziplinär analysieren – bewerten – gestalten.

[76] A. Lange; M. Maas; M. Albert; K.-H. Siedersberger; K. Bengler: „Automatisiertes Fahren - So komfortabel wie möglich, so dynamisch wie nötig" in VDI-Berichte, Bd. 2223, 30. VDI-VW-Gemeinschaftstagung, Düsseldorf: VDI Verlag GmbH, 2014.

[77] S. Griesche; E. Nicolay; D. Assmann; M. Dotzauer: „Should my car drive as I do?: What kind of driving style do drivers prefer for the design of automated driving functions?" in 17. Braunschweiger Symposium Automatisierungssysteme, Assistenzsysteme und eingebettete Systeme für Transportmittel (AAET).

[78] C. Basu; Q. Yang; D. Hungerman; M. Singhal; A. D. Dragan: „Do You Want Your Autonomous Car To Drive Like You?" in HRI '17: ACM/IEEE International Conference on Human-Robot Interaction, Vienna Austria, 2017, S. 417–425, doi: 10.1145/2909824.3020250.

[79] Stephanie Cramer; Alexander Lange; Klaus Bengler: „Path Planning and Steering Control Concept for a Cooperative Lane Change Maneuver According to the H-Mode Concept" in 7. Tagung Fahrerassistenzsysteme, 2015.

[80] F. W. Siebert; F. Radtke; E. Kiyonaga; R. Höger: „Adjustable automation and manoeuvre control in automated driving", IET Intelligent Transport Systems, Jg. 13, Nr. 12, S. 1780–1784, 2019, doi: 10.1049/iet-its.2018.5471.

[81] B. Schick; C. Seidler; S. Aydogdu; Y.-J. Kuo: „Driving experience vs. mental stress with automated lateral guidance from the customer's point of view: The relation between moderate customer reviews of the lane keeping assistant, reduced confidence and high mental stress" in 9th International Munich Chassis Symposium 2018 : chassis.tech plus : proceedings, Wiesbaden: Springer Vieweg, 2019, S. 27–44.

[82] B. Schick; C. Seidler; S. Aydogdu; Y.-J. Kuo: „Fahrerlebnis versus mentaler Stress bei der assistierten Querführung", ATZ 02|2019, Jg. 121, 2019.

[83] B. Schick; F. Fuhr; M. Höfer; P. E. Pfeffer: „Eingenschaftsbasierte Entwicklung von Fahrerassistenzsystemen", ATZ 04|2019, Jg. 121, 2019.

[84] B. Schick; F. Fuhr; M. Hoefer; P. E. Pfeffer: „Attribute-based development of Advanced Driver Assisstance Systems" in 19. Internationales Stuttgarter Symposium, Wiesbaden: Springer Vieweg, 2019.

[85] H. Oschlies; F. Saust; S. Schmidt: „Methodik zur Objektivierung einer Querführungsassistenz" in VDI-Berichte, Bd. 2288, 32. VDI/VW-Gemeinschaftstagung Fahrerassistenz und automatisiertes Fahren, Düsseldorf: VDI Verlag GmbH, 2016.

[86] H. Oschlies: Komfortorientierte Regelung für die automatisierte Fahrzeugquerführung. Wiesbaden: Springer Fachmedien Wiesbaden, 2019. [Online]. Verfügbar unter: http://dx.doi.org/10.1007/978-3-658-25235-9

[87] P. Hornberger; S. Cramer; A. Lange: „Evaluation of Driver Input Variations for Partially Automated Lane Changes" in 2018 21st International Conference on Intelligent Transportation Systems (ITSC), 2018, S. 1023–1028, doi: 10.1109/ITSC.2018.8569548.

[88] A. Lange: „Gestaltung der Fahrdynamik beim Fahrstreifenwechselmanöver als Rückmeldung für den Fahrer beim automatisierten Fahren". Dissertation, Fakultät für Maschinenwesen, Lehrstuhl für Ergonomie, Technische Universität München, München, 2018.

[89] S. Cramer; J. Klohr: „Announcing Automated Lane Changes: Active Vehicle Roll Motions as Feedback for the Driver", International Journal of Human–Computer Interaction, Jg. 35, Nr. 11, S. 980–995, 2019, doi: 10.1080/10447318.2018.1561790.

[90] S. Cramer: „Design of Active Vehicle Pitch and Roll Motions as Feedback for the Driver During Automated Driving". Dissertation, Fakultät

für Maschinenwesen, Lehrstuhl für Ergonomie, Technische Universität München, München, 2019.

[91] M. Jurisch; C. Holzapfel; C. Buck: „The influence of active suspension systems on motion sickness of vehicle occupants" in 2020 IEEE 23rd International Conference on Intelligent Transportation Systems (ITSC), Rhodes, Greece, 2020, S. 1–6, doi: 10.1109/ITSC45102.2020. 9294311.

[92] A. Fridrich; M.-T. Nguyen; A. Janeba; W. Krantz; J. Neubeck; J. Wiedemann: „Subjective testing of a torque vectoring approach based on driving characteristics in the driving simulator" in 8th International Munich Chassis Symposium 2017 : chassis.tech plus, Wiesbaden: Springer Vieweg, 2017, S. 271–287, doi: 10.1007/978-3-658-18459-9_19.

[93] C. Ress; D. Balzer; A. Bracht; S. Durekovic; J. Löwenau: „ADASIS Protocol for Advanced In-Vehicle Applications", ADASIS Forum.

[94] M. Kehrer; J.-O. Pitz; T. Rothermel; H.-C. Reuss: „Framework for interactive testing and development of highly automated driving functions" in 18. Internationales Stuttgarter Symposium, Wiesbaden: Springer Vieweg, 2018, S. 659–669.

[95] M.-T. Nguyen; J. Pitz; W. Krantz; J. Neubeck; J. Wiedemann: „Subjective Perception and Evaluation of Driving Dynamics in the Virtual Test Drive", SAE Int. J. Veh. Dyn., Stab., and NVH, Jg. 1, Nr. 2, 2017, doi: 10.4271/2017-01-1564.

[96] M. Schlüter: Objektivierung des subjektiven Insassenempfindens bei längsdynamischen Beschleunigungsmanövern. Wiesbaden: Springer Fachmedien Wiesbaden, 2022.

[97] D. Zeitvogel *et al.:* „An Innovative Test System for Holistic Vehicle Dynamics Testing" in WCX SAE World Congress Experience, 2019, doi: 10.4271/2019-01-0449.

[98] VIRES Simulationstechnologie GmbH: OpenDRIVE; Format Specification, Rev. 1.4.

[99] M. Rohloff: Richtlinien für die Anlage von Autobahnen; RAA, 2008. Aufl. Köln: FGSV-Verl., 2008.

[100] Lund Research Ltd: One-way ANOVA Statistical Guide. [Online]. Verfügbar unter: https://statistics.laerd.com/statistical-guides/one-way-anova-statistical-guide.php.

[101] F. Huber; F. Meyer; J. M. Lenzen: Grundlagen der Varianzanalyse; Konzeption - Durchführung - Auswertung. Wiesbaden: Springer Gabler, 2014.

[102] H. Schiefer; F. Schiefer: Statistik für Ingenieure. Wiesbaden: Springer Fachmedien Wiesbaden, 2018.

[103] Lund Research Ltd: Repeated Measures ANOVA Statistical Guide. [Online]. Verfügbar unter: https://statistics.laerd.com/statistical-guides/repeated-measures-anova-statistical-guide.php.

[104] J. Cohen: „A power primer" (eng), Psychological bulletin, Jg. 112, Nr. 1, S. 155–159, 1992, doi: 10.1037/0033-2909.112.1.155.

[105] Bundesanstalt für Straßenwesen: Fahrleistung von Kraftfahrzeugen auf Autobahnen in Deutschland von 1970 bis 2020 (in Milliarden Kilometer) [Graph]. [Online]. Verfügbar unter: https://de.statista.com/statistik/daten/studie/155732/umfrage/fahrleistung-auf-autobahnen-in-deutschland/ (Zugriff am: 4. Januar 2023).

[106] M. Yang; X. Wang; M. Quddus: „Examining lane change gap acceptance, duration and impact using naturalistic driving data", Transportation Research Part C: Emerging Technologies, Jg. 104, S. 317–331, 2019, doi: 10.1016/j.trc.2019.05.024.

[107] L. C. Davis: „Optimal Merging from an On-Ramp into a High-Speed Lane dedicated to connect autonomous vehicles". Paper, Cornell University, Ithaca, New York, 2018.

[108] R. Rajamani: Vehicle Dynamics and Control. Boston, MA: Springer US, 2012.

[109] The MathWorks: „MATLAB / SIMULINK Documentation", 2022.

[110] C. Heimsath; W. Krantz; J. Neubeck; C. Holzapfel; A. Wagner: „Comfort Assessment for Highly Automated Driving Functions at the Stuttgart Driving Simulator" in Proceedings, 21. Internationales Stuttgarter Symposium, M. Bargende, H.-C. Reuss und A. Wagner, Hg., Wiesbaden: Springer Fachmedien Wiesbaden, 2021, S. 368–379, doi: 10.1007/978-3-658-33466-6_26.

[111] Straßenverkehrs-Ordnung. Köln: Luchterhand, 2022.

[112] C. Heimsath; W. Krantz; J. Neubeck; C. Holzapfel; A. Wagner: „Passengers comfort during automated motorway lane changes: a subject study on different lane change trajectories at the Stuttgart driving simulator", Automot. Engine Technol., 2022, doi: 10.1007/s41104-022-00118-4.

[113] C. Heimsath; W. Krantz; J. Neubeck; C. Holzapfel; A. Wagner: „Passenger's Comfort during Automated Motorway Lane Changes with different All-Wheel-Steering Operational Strategies" in 31st Aachen Colloquium Sustainable Mobility 2022, Aachen, 2022.

[114] W. Krantz: An advanced approach for predicting and assessing the driver's response to natural crosswind. Zugl.: Stuttgart, Univ., Diss., 2011. Renningen: Expert-Verl., 2012. [Online]. Verfügbar unter: http://www. expertverlag.de/php/i.php?i=978381693166

[115] J. Utbult: „Rear Wheel Steering: A Study on Low_Speed Maneuverability and Highway Lateral Comfort". Masterarbeit, Department of Applied Mechanics, Chalmers, Schweden, 2017.

[116] D. Soudbakhsh; A. Eskandarian: „Vehicle Lateral and Steering Control" in Handbook of Intelligent Vehicles, A. Eskandarian, Hg., London: Springer London, 2012, S. 209–232, doi: 10.1007/978-0-85729-085-4_10.

[117] W. Krantz: „An enhanced single track model for evaluation of the driver-vehicle interaction under crosswind".

[118] J. Köpler: „Entwicklung eines simulativen Testverfahrens für Fahrdynamikregler". Masterarbeit, Universät Suttgart, Stuttgart, Deutschland, 2020.

[119] A. Valente Pais; M. Mulder; M. van Paassen; M. Wentink; E. Groen: „Modeling Human Perceptual Thresholds in Self-Motion Perception" in AIAA Modeling and Simulation Technologies Conference and Exhibit, Keystone, Colorado, 2006, doi: 10.2514/6.2006-6626.

[120] Nesti, A., Masone, C., Barnett-Cowan, M., Robuffo Giordano, P., Bülthoff, H., Pretto, P.: Roll rate thresholds and perceived realism in driving simulation.

[121] A. Berthoz *et al.*: „Motion Scaling for High-Performance Driving Simulators", IEEE Trans. Human-Mach. Syst., Jg. 43, Nr. 3, S. 265–276, 2013, doi: 10.1109/TSMC.2013.2242885.

[122] R. Porst: Fragebogen; Ein Arbeitsbuch, 4. Aufl. Wiesbaden: Springer VS, 2014.

[123] S. Hollenberg: Fragebögen; Fundierte Konstruktion, sachgerechte Anwendung und aussagekräftige Auswertung. Wiesbaden: Springer VS, 2016. [Online]. Verfügbar unter: http://gbv.eblib.com/patron/Full Record.aspx?p=4443072

[124] T. KUNIN: „The Construction of a New Type of Attitude Measure", Personnel Psychology, Jg. 8, Nr. 1, S. 65–77, 1955, doi: 10.1111/j.1744-6570.1955.tb01189.x.

[125] M. Maurer; J. C. Gerdes; B. Lenz; H. Winner: Autonomes Fahren. Berlin, Heidelberg: Springer Berlin Heidelberg, 2015.

[126] Quantitative Methoden; Einführung in die Statistik für Psychologen und Sozialwissenschaftler, 4. Aufl. Berlin [u.a.]: Springer, 2014.

[127] J. Bortz; Bortz-Döring; N. Döring: Forschungsmethoden und Evaluation; Für Human- und Sozialwissenschaftler ; mit 87 Tabellen, 4. Aufl. Heidelberg: Springer-Medizin-Verl., 2009.

[128] C. Kraft: Gezielte Variation und Analyse des Fahrverhaltens von Kraftfahrzeugen mittels elektrischer Linearaktuatoren im Fahrwerksbereich. Karlsruhe: KIT Scientific Publishing, 2011.

[129] C. Nobis; T. Kuhnimhof: „Mobilität in Deutschland: MiD Ergebnisbericht - Studie von infas, DLR, IVT im Auftrag d. Bundesministers für Verkehr und digitale Infrastruktur", 2018.

[130] Deutschland: GENESIS online; Die Datenbank des Statistischen Bundesamtes. Frankfurt, Main, Wiesbaden: Statistisches Bundesamt (Destatis).

Anhang

A1. Ergebnistabellen Varianzanalyse

Auf den folgenden Seiten sind die Ergebnisse der in Kap. 4.1 beschriebenen Varianzanalysen tabellarisch aufgeführt. Bewertung 1 bezeichnet dabei die Subjektivbewertung des Spurwechselanfangs, Bewertung 2 die des Spurwechselendes.

Tabelle A.1: Ergebnistabelle Varianzanalyse ANOVA 1-1

Varianzanalyse 1-1 multifaktorielle ANOVA			Bewert. 1		Bewert. 2	
	df_b	df_w	F	p	F	p
S1 - Spurwechseltrajektorie	4	3108	112	0,00	195	0,00
S5 - Fahrbahnkrümmung	4	3108	9,75	0,00	21,6	0,00
S7 - Richtung des Spurw.	1	3108	7,55	0,01	20,1	0,00
S1 * S5	16	3108	4,62	0,00	6,22	0,00
S1 * S7	4	3108	0,63	0,64	0,24	0,92
S5 * S7	4	3108	3,07	0,02	7,46	0,00
S1 * S5 * S7	16	3108	6,29	0,00	3,04	0,00

Tabelle A.2: Ergebnistabelle Varianzanalyse MANOVA 1-1

Varianzanalyse 1-1 multifaktorielle MANOVA	df_b	df_w	F	p
S1 - Spurwechseltrajektorie	8	6214	96,7	0,00
S5 - Fahrbahnkrümmung	8	6214	31,9	0,00
S7 - Richtung des Spurw.	2	3107	10,1	0,00
S1 * S5	32	6214	6,43	0,00
S1 * S7	8	6214	0,44	0,90
S5 * S7	8	6214	8,88	0,00
S1 * S5 * S7	32	6214	9,69	0,00

Tabelle A.3: Ergebnistabelle Varianzanalyse ANOVA 1-2

Varianzanalyse 1-2 multifaktorielle ANOVA			Bewert. 1		Bewert. 2	
	df_b	df_w	F	p	F	p
S1 - Spurwechseltrajektorie	2	2630	363	0,00	521	0,00
S5 - Fahrbahnkrümmung	4	2630	3,14	0,01	18,5	0,00
S6 - Vertikalanregung Fahrb.	1	2630	1,04	0,31	2,89	0,09
S7 - Richtung des Spurw.	1	2630	4,14	0,04	23,4	0,00
S1 * S5	8	2630	9,35	0,00	13,8	0,00
S1 * S6	2	2630	0,69	0,50	2,65	0,07
S1 * S7	2	2630	2,11	0,12	0,94	0,39
S5 * S6	4	2630	4,19	0,00	1,95	0,10
S5 * S7	4	2630	0,96	0,43	8,33	0,00
S6 * S7	1	2630	0,51	0,48	0,62	0,43
S1 * S5 * S6	8	2630	1,41	0,19	1,24	0,27
S1 * S5 * S7	8	2630	17,0	0,00	7,41	0,00
S1 * S6 * S7	2	2630	0,01	0,99	0,02	0,98
S5 * S6 * S7	4	2630	1,74	0,14	0,18	0,95
S1 * S5 * S6 * S7	8	2630	0,81	0,60	0,42	0,91

Tabelle A.4:   Ergebnistabelle Varianzanalyse MANOVA 1-2

Varianzanalyse 1-2 multifaktorielle MANOVA	df_b	df_w	F	p
S1 - Spurwechseltrajektorie	4	5258	256	0,00
S5 - Fahrbahnkrümmung	8	5258	21,3	0,00
S6 - Vertikalanregung Fahrb.	2	2629	1,45	0,24
S7 - Richtung des Spurw.	2	2629	12,3	0,00
S1 * S5	16	5258	16,7	0,00
S1 * S6	4	5258	2,46	0,04
S1 * S7	4	5258	1,31	0,26
S5 * S6	8	5258	2,30	0,02
S5 * S7	8	5258	6,74	0,00
S6 * S7	2	2629	1,44	0,24
S1 * S5 * S6	16	5258	1,05	0,40
S1 * S5 * S7	16	5258	27,1	0,00
S1 * S6 * S7	4	5258	0,02	0,99
S5 * S6 * S7	8	5258	1,11	0,36
S1 * S5 * S6 * S7	16	5258	0,91	0,56

Tabelle A.5: Ergebnistabelle Varianzanalyse ANOVA 2-1

Varianzanalyse 2-1 multifaktorielle ANOVA			Bewert. 1		Bewert. 2	
	df_b	df_w	F	p	F	p
S2 – Lenkungsmodus	3	3079	1,65	0,18	0,04	0,99
S5 - Fahrbahnkrümmung	2	3079	45,3	0,00	54,9	0,00
S7 - Richtung des Spurw.	1	3079	9,06	0,00	52,4	0,00
S2 * S5	6	3079	1,22	0,29	0,68	0,66
S2 * S7	3	3079	0,51	0,67	0,78	0,50
S5 * S7	2	3079	62,8	0,00	115	0,00
S2 * S5 * S7	6	3079	0,46	0,84	0,36	0,91

Tabelle A.6: Ergebnistabelle Varianzanalyse MANOVA 2-1

Varianzanalyse 2-1 multifaktorielle MANOVA	df_b	df_w	F	p
S2 – Lenkungsmodus	6	6156	1,02	0,41
S5 - Fahrbahnkrümmung	4	6156	32,5	0,00
S7 - Richtung des Spurw.	2	3078	27,0	0,00
S2 * S5	12	6156	0,77	0,69
S2 * S7	6	6156	0,52	0,80
S5 * S7	4	6156	182	0,00
S2 * S5 * S7	12	6156	0,64	0,81

Tabelle A.7:   Ergebnistabelle Varianzanalyse ANOVA 2-2

Varianzanalyse 2-2 multifaktorielle ANOVA	df_b	df_w	Bewert. 1		Bewert. 2	
			F	p	F	p
S2 – Lenkungsmodus	3	1505	0,29	0,83	0,21	0,89
S3 – Blickrichtung	1	1505	6,89	0,01	23,6	0,00
S5 - Fahrbahnkrümmung	2	1505	25,3	0,00	20,4	0,00
S7 - Richtung des Spurw.	1	1505	4,56	0,03	24,6	0,00
S2 * S3	3	1505	1,11	0,34	0,47	0,70
S2 * S5	6	1505	0,58	0,74	1,13	0,34
S2 * S7	3	1505	0,39	0,76	0,32	0,81
S3 * S5	2	1505	6,37	0,00	0,41	0,66
S3 * S7	1	1505	4,1	0,04	0,07	0,79
S5 * S7	2	1505	25,8	0,00	54,9	0,00
S2 * S3 * S5	6	1505	0,36	0,91	1,11	0,36
S2 * S3 * S7	3	1505	0,21	0,89	0,11	0,95
S2 * S5 * S7	6	1505	0,32	0,93	0,27	0,95
S3 * S5 * S7	2	1505	0,38	0,68	2,84	0,06
S2 * S3 * S5 * S7	6	1505	0,29	0,94	0,39	0,89

Tabelle A.8: Ergebnistabelle Varianzanalyse MANOVA 2-2

Varianzanalyse 2-2 multifaktorielle MANOVA	df_b	df_w	F	p
S2 – Lenkungsmodus	6	3008	0,35	0,91
S3 – Blickrichtung	2	1504	11,9	0,00
S5 - Fahrbahnkrümmung	4	3008	14,3	0,00
S7 - Richtung des Spurw.	2	1504	12,8	0,00
S2 * S3	6	3008	0,58	0,75
S2 * S5	12	3008	0,74	0,71
S2 * S7	6	3008	0,37	0,90
S3 * S5	4	3008	5,11	0,00
S3 * S7	2	1504	2,72	0,07
S5 * S7	4	3008	87,8	0,00
S2 * S3 * S5	12	3008	0,65	0,80
S2 * S3 * S7	6	3008	0,21	0,98
S2 * S5 * S7	12	3008	0,48	0,93
S3 * S5 * S7	4	3008	2,85	0,02
S2 * S3 * S5 * S7	12	3008	0,47	0,94

Tabelle A.9:   Ergebnistabelle Varianzanalyse ANOVA 2-3

Varianzanalyse 2-3 multifaktorielle ANOVA	df_b	df_w	Bewert. 1 F	Bewert. 1 p	Bewert. 2 F	Bewert. 2 p
S2 – Lenkungsmodus	3	1550	1,8	0,14	0,51	0,67
S4 – Fahrgeschwindigkeit	1	1550	3,72	0,05	0,07	0,80
S5 - Fahrbahnkrümmung	2	1550	15,0	0,00	31,1	0,00
S7 - Richtung des Spurw.	1	1550	1,39	0,24	32,7	0,00
S2 * S4	3	1550	1,06	0,37	0,32	0,81
S2 * S5	6	1550	0,53	0,79	0,61	0,72
S2 * S7	3	1550	0,44	0,72	0,82	0,48
S4 * S5	2	1550	3,47	0,03	0,68	0,51
S4 * S7	1	1550	1,12	0,29	0,33	0,57
S5 * S7	2	1550	47,6	0,00	89,9	0,00
S2 * S4 * S5	6	1550	0,8	0,57	1,47	0,19
S2 * S4 * S7	3	1550	0,24	0,87	0,1	0,96
S2 * S5 * S7	6	1550	0,7	0,65	0,26	0,96
S4 * S5 * S7	2	1550	0,65	0,52	0,97	0,38
S2 * S4 * S5 * S7	6	1550	0,5	0,81	0,24	0,96

Tabelle A.10: Ergebnistabelle Varianzanalyse MANOVA 2-3

Varianzanalyse 2-3 multifaktorielle MANOVA	df_b	df_w	F	p
S2 – Lenkungsmodus	6	3098	1,06	0,39
S4 – Fahrgeschwindigkeit	2	1549	2,32	0,10
S5 - Fahrbahnkrümmung	4	3098	16,3	0,00
S7 - Richtung des Spurw.	2	1549	19,1	0,00
S2 * S4	6	3098	0,57	0,75
S2 * S5	12	3098	0,56	0,87
S2 * S7	6	3098	0,64	0,70
S4 * S5	4	3098	1,76	0,13
S4 * S7	2	1549	0,56	0,57
S5 * S7	4	3098	136	0,00
S2 * S4 * S5	12	3098	0,97	0,48
S2 * S4 * S7	6	3098	0,36	0,91
S2 * S5 * S7	12	3098	0,78	0,67
S4 * S5 * S7	4	3098	1,31	0,27
S2 * S4 * S5 * S7	12	3098	0,59	0,85

Tabelle A.11: Ergebnistabelle Varianzanalyse ANOVA 2-4

Varianzanalyse 2-4 multifaktorielle ANOVA			Bewert. 1		Bewert. 2	
	df_b	df_w	F	p	F	p
S1 - Spurwechseltrajektorie	1	1539	51.9	0.00	59.6	0.00
S2 – Lenkungsmodus	3	1539	1.13	0.34	0.12	0.95
S5 - Fahrbahnkrümmung	2	1539	11.5	0.00	29.9	0.00
S7 - Richtung des Spurw.	1	1539	1.31	0.25	21.8	0.00
S1 * S2	3	1539	0.49	0.69	0.79	0.50
S1 * S5	2	1539	1.3	0.27	0.41	0.67
S1 * S7	1	1539	1.05	0.31	0.35	0.55
S2 * S5	6	1539	1.53	0.16	1.17	0.32
S2 * S7	3	1539	0.34	0.80	0.51	0.68
S5 * S7	2	1539	27.7	0.00	51.7	0.00
S1 * S2 * S5	6	1539	0.23	0.97	0.06	1.00
S1 * S2 * S7	3	1539	0.26	0.85	0.1	0.96
S1 * S5 * S7	2	1539	0.8	0.45	5.24	0.01
S2 * S5 * S7	6	1539	0.77	0.60	0.37	0.90
S1 * S2 * S5 * S7	6	1539	1.08	0.37	0.26	0.96

Tabelle A.12: Ergebnistabelle Varianzanalyse MANOVA 2-4

Varianzanalyse 2-4 multifaktorielle MANOVA	df_b	df_w	F	p
S1 - Spurwechseltrajektorie	2	1538	35,7	0,00
S2 – Lenkungsmodus	6	3076	0,67	0,68
S5 - Fahrbahnkrümmung	4	3076	14,9	0,00
S7 - Richtung des Spurw.	2	1538	12,5	0,00
S1 * S2	6	3076	0,52	0,79
S1 * S5	4	3076	0,66	0,62
S1 * S7	2	1538	1,54	0,21
S2 * S5	12	3076	1,12	0,34
S2 * S7	6	3076	0,44	0,85
S5 * S7	4	3076	84,3	0,00
S1 * S2 * S5	12	3076	0,18	0,99
S1 * S2 * S7	6	3076	0,20	0,98
S1 * S5 * S7	4	3076	5,89	0,00
S2 * S5 * S7	12	3076	0,70	0,76
S1 * S2 * S5 * S7	12	3076	0,95	0,49

Printed in the United States
by Baker & Taylor Publisher Services